宝宝辅食这样做

李　宁　主编

SPM 南方传媒 | 广东人民出版社

·广州·

图书在版编目（CIP）数据

宝宝辅食这样做 / 李宁主编. — 广州：广东人民出版社，2023.1
ISBN 978-7-218-15953-9

I. ①宝… II. ①李… III. ①婴幼儿—食谱 IV. ①TS972.162

中国版本图书馆 CIP 数据核字（2022）第 169088 号

Baobao Fushi Zheyang Zuo
宝宝辅食这样做

李 宁 主编

出 版 人：肖风华

策划编辑：严耀峰
责任编辑：严耀峰 寇 毅
责任技编：吴彦斌
特邀编辑：欧阳思睿
封面设计：青 空 翰图文化
内文设计：翰图文化

出版发行：广东人民出版社
网 址：http://www.gdpph.com
地 址：广州市越秀区大沙头四马路10号（邮政编码：510199）
电 话：（020）85716809（总编室）
传 真：（020）83289585
天猫网店：广东人民出版社旗舰店
网 址：https://gdrmcbs.tmall.com
印 刷：广州市樱华印务有限公司
开 本：787毫米×1092毫米 1/16
印 张：15 **字 数**：303千
版 次：2023年1月第1版
印 次：2023年1月第1次印刷
定 价：49.00元

如发现印装质量问题，影响阅读，请与出版社（020-87712513）联系调换。
售书热线：020-87717307

前言
PREFACE

宝宝长大啦！

一天天看着他（她）成长，宝妈宝爸心里乐开了花。

宝宝慢慢可以坐起来，慢慢开始在床上爬；

慢慢长出了牙齿，慢慢咿咿呀呀叫起了“爸爸”“妈妈”……

初生的宝宝一直以母乳喂养为主，

随着年龄的增长，宝宝对营养的需求也越来越大。

宝宝出生后生长发育特别迅速，

营养的补充比任何年龄阶段都重要，

一般来说，年龄越小代谢越旺盛，

为了适应这种高代谢，就必须摄入大量热量。

渐渐地，母乳已经满足不了宝宝对营养的需求，

这个时候，就可以添加一些母乳以外的辅助食品，

添加辅食，能让宝宝学会吞咽、咀嚼食物。

社会不断发展，物质生活越来越丰富，各种辅食产品层不出穷，让人眼花缭乱。

宝宝什么时候开始添加辅食？

宝宝的辅食怎么选择才能更加营养健康？

宝妈宝爸们要怎么样让宝宝爱上辅食？

……

为了解决这些问题，我们编写了《宝宝辅食这样做》一书，

针对宝宝在不同时期体格和智力的发育特点，

精选了数百份营养健康的美食制作食谱，

并为宝妈宝爸们提供了科学的饮食建议和喂养指导。

针对宝宝的不同时期，我们力求变换花样，调剂口味，

让每一个饮食安排都能便于宝妈宝爸操作，都能得到宝宝的喜爱，

也能让宝宝们从小就养成良好的饮食习惯，

不挑食、不偏食，更加健康快乐地成长！

目 录
CONTENTS

PART 1 添加辅食，从 6 个月开始

PART 2 6 个月，果汁米粉是最爱

PART 3 7 个月，颗粒状软食好出牙

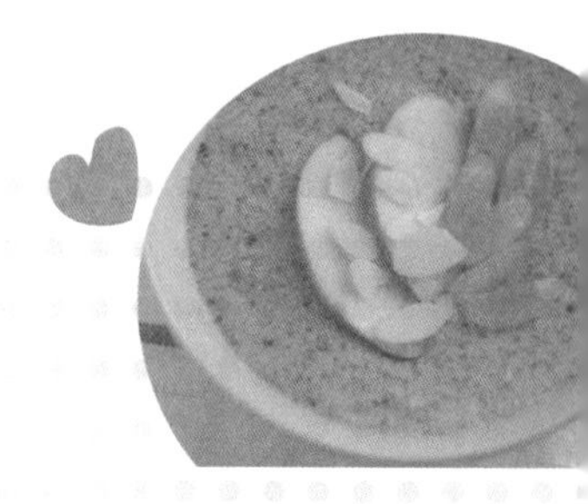

PART 4 8个月，固体状食物吃起来

PART 5 9个月，磨磨牙齿饭更香

PART 6 10个月，自己用勺吃饭香

PART 7 11个月，颗粒大点也不怕

PART 8 12个月，一日三餐要守时

PART 9 1—1.5岁，能吃整个鸡蛋

PART 10 1.5—2岁，断奶喇

PART 11 2—2.5 岁，营养要均衡

PART 12 2.5—3 岁，尝试像大人一样吃饭

PART 13 营养素补充方案：补足能量，宝宝才能更健康

PART 14 特色辅食：量身定制，为宝宝成长护航

PART 15 营养辅食：消除宝宝常见不适

PART 16 方便高效：买来的辅食这样吃

PART 1

添加辅食，从 6 个月开始

我的宝宝 6 个月了，他的胃口越来越大！
是不是应该添加辅食啦？
可是我从没下过厨房，也不知道宝宝爱吃什么……
宝宝的辅食有哪些？
宝宝的辅食要怎么制作？
是不是我能吃的食物，都可以给宝宝吃？
我要成为辅食达人，我要开始学习辅食！
从头开始，我们一起来学习下吧。

辅食应该什么时间添加：宝宝 6 个月的时候

目前建议宝宝到了 6 个月大，就要及时添加辅食了。但这个时间点并不是完全固定的，可以根据自己宝宝的具体情况，在一定范围内灵活掌握。一般来讲，给宝宝添加辅食的时间，最早不能早于 4 个月；一般不晚于 6 个月，如果有特殊情况，应在医生指导和监测下适当延长，否则可能会造成宝宝营养不良，影响生长发育；混合喂养的宝宝，可以 4—5 个月大时开始添加辅食。

过早：容易引起宝宝消化不良

有些妈妈希望宝宝长得更加强壮，便盲目地提前为宝宝添加辅食，结果造成宝宝消化不良甚至厌食。

其实，宝宝在 1—5 个月时，消化器官还很娇嫩，消化腺不发达，还不具备消化辅食的功能。如果过早添加辅食，就会增加宝宝消化器官的负担，容易导致腹泻等病症。

过晚：影响宝宝生长发育

有的妈妈对辅食添加不够重视，认为自己的奶水充足，担心辅食没有母乳有营养，在宝宝 8—9 个月大时，还只喂母乳。

殊不知，宝宝已经长大了，对营养、能量的需要也增加了，光吃母乳或牛奶、奶粉，已经不能满足其生长发育的需要，所以要及时添加辅食。

已满 4 个月的宝宝，我们可以结合宝宝的口腔运动功能，味觉、嗅觉、触觉等感知觉，以及心理、认知和行为能力来考虑，如果宝宝已经做好接受新食物的准备，可以尝试着添加辅食。

具体来说，如果爸爸妈妈发现宝宝出现以下表现，就可以考虑是否该为宝宝喂辅食了。

（1）宝宝的体重增至初生时的两倍以上， 且已经能够比较好地控制自己的身体，如能够撑住脑袋和脖子、能够独坐或者稳稳靠坐；

（2）开始尝试抓握小物体，并把各种物品往嘴里塞；

（3）挺舌反射消失，会吞咽口水，牙齿准备萌出；

（4）宝宝看到食物会表现出吃的欲望，比如会张嘴期待，这意味着宝宝可能迈入了一个希望尝试于体验各种新鲜刺激的时期。

为什么要给宝宝添加辅食

纯母乳无法满足宝宝的生长需要

随着宝宝一天天长大，单纯从母乳（或配方奶粉）中获得的营养成分已经无法完全满足宝宝生长发育的需求，因此必须为宝宝添加辅食，以帮助宝宝摄取到均衡充足的营养，满足其生长发育的需求。

为宝宝断奶做好准备

宝宝的辅助食品也称为断奶食品，但是其含义并非仅指宝宝断奶以后才能食用的食品，而是指宝宝从单一的乳汁喂养到完全“断奶”这一阶段，为其所添加的过渡食品。也就是说，为宝宝断奶做准备时就要添加辅食了。

训练宝宝的吞咽能力

宝宝出生后，从习惯吸食乳汁到吃接近成人的固体食物，需要一个适应的过程。在这个过程中，从吸吮到吞咽，其实宝宝是在学习用另外一种方式进食，这一般需要半年或者更长的时间，而辅食则有助于宝宝训练吞咽食物的能力。

培养宝宝的咀嚼能力

随着宝宝一天天长大，其牙槽黏膜也变得逐渐坚硬起来，可以逐渐吃一些有一定硬度的食物了。尤其是宝宝长出门牙后，如果及时给他吃些软化后的半固体食物，宝宝也能够用牙龈或牙齿去咀嚼食物了。这种咀嚼功能的发育，有利于宝宝的颌骨发育。

促进宝宝的牙齿发育

对于宝宝来说，辅食的添加和其牙齿生长是相互促进的。如果爸爸妈妈能适时添加和转换辅食的样式，则能为宝宝牙齿的萌出和生长提供足够的营养，而牙齿的萌出又能促进宝宝更好地咀嚼，以利于吸收营养。

培养宝宝的味觉习惯

4-7 个月是宝宝味觉敏感期。从这个时期开始，宝宝对各种食物有了品尝的体验，也会更乐于接受各种食物。而多种多样的辅食，可以激活宝宝的味觉。所以，爸爸妈妈要尽可能在 6 个月左右等宝宝的消化系统发育得差不多了，让宝宝尝试多种类的食物。通过品尝各种食物，可以促进宝宝味觉、嗅觉及口感的形成和发育，这也是宝宝对流食—半流食—固体食物的适应过程。

辅食的添加方法早知道

添加辅食可以从强化了铁的营养米粉开始

给宝宝添加辅食，一个特别主要的原因就是，宝宝从母体得到的生长发育所需的铁元素到6个月时就要消耗殆尽了，所以最先添加的应该是含铁元素的食物。而婴儿强化铁营养，米粉就是最好的选择，而且购买比较方便，添加的铁元素也是比较标准的。每次给宝宝添加的量要恰当，最开始时只需1～2勺的米粉就可以满足其需要。所以可以先为宝宝选择铁强化米粉，但也并非一定从米粉开始，也可以根据具体情况先给宝宝选择蔬菜泥、肝泥、瘦肉泥等食物。

添加数量宜由少至多

刚开始给宝宝添加新的食物时，一天最好只喂一次，且量不要大。如给宝宝添加蛋黄时，可先喂1/4个，如果宝宝食后几天内没有不良反应，且两餐间无饥饿感、排便正常、睡眠安稳，则可再适量增加到半个蛋黄，以后再逐渐增至整个蛋黄。

添加速度要循序渐进

对于刚吃辅食的宝宝来说，由于其肠胃功能还未完善，所以添加辅食的速度不宜过快。不要一下子就让宝宝尝试吃各种不同的辅食，更不要立刻用辅食代替配方奶。总之，增加辅食要循序渐进，让宝宝有适应的过程。

食物性状应由稀到稠

宝宝刚吃辅食时，一般都还没有长出牙齿，消化能力还很弱，因此只能喂流质食物，以后可逐渐添加半流质食物，直至喂宝宝吃固体食物，以免宝宝因难以适应而引起消化不良。妈妈们可根据宝宝消化道及牙齿的发育情况逐渐过渡，从蔬菜汁、果汁、米汤，到米糊、菜泥、果泥等，再过渡到软饭、小块蔬菜、水果及肉类等食物。

添加辅食应从细到粗

给宝宝添加的食物颗粒要细小，口感要嫩滑，这样不仅能锻炼宝宝的吞咽功能，为以后过渡到吃固体食物打基础，还能让宝宝熟悉各种食物的天然味道，养成不偏食的好习惯。

辅食应少糖低盐

不宜让宝宝从婴儿时期就进食口味过重的食物。有关资料显示，近年来婴儿患糖尿病呈上升趋势，究其原因，很大程度上就是现在的宝宝多习惯以市售含糖饮料来解渴，吸收过多糖分所致。另外，盐分也不宜摄取过多，否则容易使宝宝在很小的时候就有患高血压的危险，因此食物调味不宜太咸。

掌握辅食的科学制作方法

给宝宝选择健康的食材

◎ 应选择新鲜自然的食物，水果宜选择皮壳较容易处理、农药污染及病原感染概率小的种类，如橘子、苹果、香蕉、木瓜等。

◎ 肉蛋类食物，如鸡蛋、鱼、猪肉、肝等要煮熟，以免引起宝宝感染或过敏。肉类富含铁质和蛋白质，可以做成肉末、肉丝或肉泥等。

◎ 应多选用蔬菜类食物，如胡萝卜、菠菜、空心菜等。

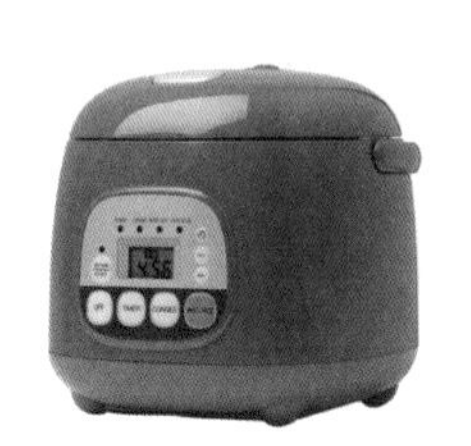

宝宝辅食的烹调要领

◎ 要注意调节食物的形状和软硬程度。开始时可将食物处理成汤汁、泥糊状，再过渡到半固体、碎末状及小片状的固体食物。

◎ 不要在食物中添加苏打粉，以免造成维生素的损失。

◎ 不同食物所含的营养成分不一样，要注意其中的营养差别，给每种食材找到“最佳搭档”，以提高食物的整体营养价值，为宝宝的辅食加分。

给宝宝选用的水果要新鲜自然，制作辅食前也要清洗干净。

制作各类辅食的通用方法

油菜泥

西红柿泥

常见菜泥和碎菜的制作方法

菜泥和碎菜是宝宝较早添加的辅助食物。常见菜泥和碎菜的制作方法如下：

油菜泥

将洗净的菜叶去茎后撕碎，煮沸后捞起，用勺子压挤捣烂，滤出菜泥。锅内加橄榄油烧热，将菜泥翻炒几下，加在粥、米粉等食物中给宝宝食用。

土豆泥

土豆洗净去皮，切成小块，煮烂后压成泥状。

胡萝卜泥

胡萝卜洗净，去皮及硬心后再切成小块，煮烂后压成泥状。

西红柿泥

将西红柿洗净，汆烫后去皮、籽，切碎，压成泥状。

碎菜

将菜叶洗净，切成末，放入油锅内炒熟。可加入粥、米糊、面条中食用。

挤压法

捣烂法

制作果汁和果泥的通用方法

为宝宝制作果汁和果泥，最简单的方法就是用家中常备的榨汁机或者粉碎机制作，但清洗起来比较麻烦。爸爸妈妈可以参考下面的方法，为宝宝制作果汁、果泥。

挤压法

适用于橙子等多汁水果。制作时，可将水果洗净，切成两半，挤压外皮，使汁水流出。

捣烂法

适用于西瓜、香蕉、草莓等细软水果。以西瓜为例，先将西瓜切成两半，用勺子捣烂瓜肉，舀出西瓜汁即可。

刮取法

此法是果汁、果泥的常用制作方法，只需要一把钢匙即可。以香蕉为例，先将香蕉剥去一面皮，用不锈钢匙轻轻刮成泥状即可。

刮取法

制作泥糊类荤菜的通用方法

等宝宝适应了谷类、水果、蔬菜等食物后，就可以为其添加肉、蛋、猪肝、虾等食物了。这些食物不仅蛋白质含量丰富，还含有丰富的铁、锌、钙等营养素，对宝宝的生长发育极为重要。肉类食品应制成泥糊状，这样才更有利于宝宝充分地消化、吸收。常用的泥糊状肉类食物有鱼泥、虾泥、猪肝泥、肉泥等，制作方法如下：

鱼泥

鱼泥

将鱼洗净后清蒸15分钟，去皮、骨及鱼刺，将鱼肉压成泥状即可。

虾泥

将虾仁剥出后去掉泥肠洗净，放入食品粉碎机中绞碎，煮熟即可。

肉泥

肉泥

将鸡肉（牛肉、猪瘦肉等）洗净后剁细绞碎，将肉末煮成泥状即可。

猪肝泥

将猪肝洗净，用刀剖开，刮下泥状物，加入调味品，蒸熟后研泥即可。

喂养小提示：怎样给宝宝添加泥糊状辅食

由于宝宝的消化和吸收功能尚未成熟，容易出现功能紊乱，每吃一种新食物，都可能有些不习惯，因此添加泥糊状辅食时要注意以下事项：

◎少量渐进。要按一定顺序，从少量渐进。可先从每天 1 次加起，每次 1 ~ 2 小勺，等宝宝适应后可增至 2 ~ 3 次，以后再逐次增加。

◎从稀到稠。添加泥糊时，可按从稀到稠的顺序逐渐增加泥糊的稠度。

◎从细到粗。例如，做青菜泥糊，可从青菜汁做起，再到菜泥，最后到碎菜末拌入粥中食用，以适应宝宝的吞咽和咀嚼能力。

辅食食材的常见处理方式

4 种基本处理方法

在给宝宝添加辅食时，各种食物的处理方式至关重要。下面是宝宝辅食的 4 种基本处理方法，妈妈们可以参考学习一下。

较软且易碎的食物

可采用压碎的方法来处理，如草莓、香蕉、熟土豆等。将食物放入碗里，用汤匙将其压碎即可（图①）。

偏硬的食物

更适合用磨碎的方法来处理，如胡萝卜、白萝卜、小黄瓜等。把擦丝板放在碗上，食物放在擦丝板上磨碎，这样磨碎的食物碎末正好落入碗里（图②）。

需研磨捣碎的食物

可将食物汆烫至熟后切成小块，放入研钵里，用研棒仔细研磨，将食物捣碎即可（图③）。

需先用水浸泡的食物

有些食物在料理前需先用水浸泡一下，如干海带、黑木耳、银耳等。若食物带有涩味，可在浸泡时加些盐或醋。将食物放入容器中，加水没过食物浸泡（图④）。

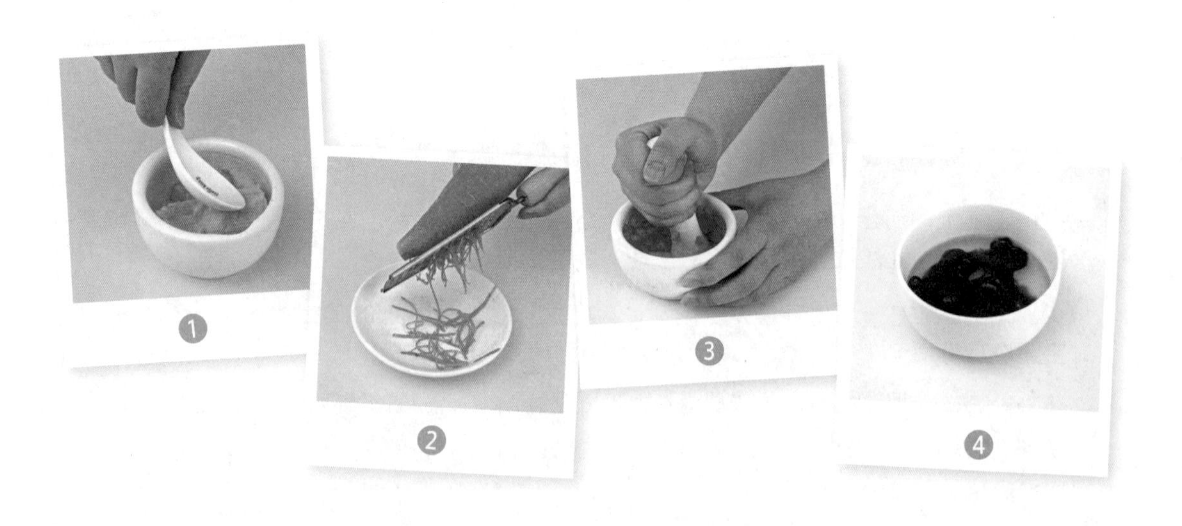

切食物的方法

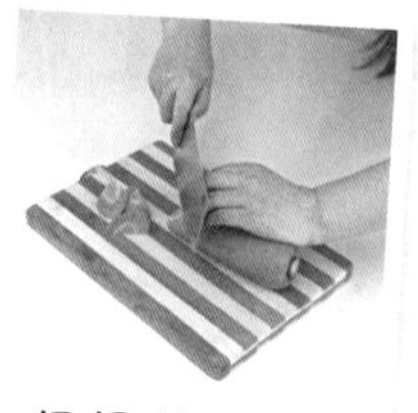
切根茎类蔬菜

切带叶蔬菜

根茎类蔬菜

如胡萝卜，切的方向应垂直向下。

带叶蔬菜

如圆白菜，应顺纤维方向切断。

肉类

切肉类

牛羊肉应横切，刀和肉的纹理应呈 90° 垂直，切出来的肉片，纹路呈“井”字形；猪肉应竖切，即刀顺着肉的纹理切，切出来的肉片，纹路呈“川”字形；鸡肉应斜切，刀和肉的纹理有个倾斜的角度即可，切好时，肉的纹路呈斜的“川”字形。

煮食物的方法

煮带叶蔬菜

带叶蔬菜

如菠菜，将水烧至沸腾，先将梗部放入，再放入叶部，煮熟即可。

根茎类蔬菜

煮肉类

如豆角，将豆角和水放入锅内，烧至沸腾，煮至豆角完全熟透即可。

肉类

如鱼肉，锅内水烧沸后，加入鱼肉，煮至鱼肉变色后再煮片刻，充分熟透即可。

喂养小提示：怎样给宝宝煮面条

经常给宝宝吃蔬菜泥或是肉泥，时间长了宝宝难免会吃腻，为了给宝宝换换口味，妈妈们可以煮面条给宝宝吃。当然不同的面条有不同的煮制方法，可以参考下面的内容：

◎煮手擀面：在锅内加一汤匙油，这样面条就不会粘锅了，还能防止面汤起泡沫溢出锅外。

◎煮挂面：不要等水沸后才下入面条。应该在锅底水中有小气泡往上冒时就下入面条，再搅动几下，盖锅盖煮沸后加适量冷水，再盖锅盖煮沸就可以了。

辅食的制作和喂养工具

辅食的制作工具

宝宝辅食的制作工具卫生一定要过关，因此在挑选辅食制作工具时一定要选那些容易清洗、消毒、形状简单而色浅的，下面就介绍一些制作辅食时会用到的工具。

压泥器

榨汁机

电饭锅

保鲜盒

压泥器

将食物压成泥的工具。

削皮刀

削胡萝卜皮、土豆皮等时使用。

刨丝器

刨丝器为制作丝、泥类辅食的用具，一般用不锈钢擦子即可。每次使用刨丝器后都要洗净晾干，以免食物细碎的残渣残留在细缝里。

榨汁机

将蔬果打成泥，并可以榨取汁液。

过滤网

有大孔过滤网和细孔过滤网两种，分别用于过滤不同的食材。

电饭锅

蒸煮稀饭、炖汤等，可以定时，方便实用。

量杯

能够比较准确地量取液体，以毫升为测量单位。

磅秤

能够比较精确地称出食物的重量。

砧板

处理宝宝食物时需要 3 个砧板，分别处理生食、熟食、水果等，生食要用木质砧板。

保鲜盒

可以将剩余食物装入保鲜盒冷藏保存，随时取用。

保鲜袋

可将做好的食物或高汤分袋装好，放入冰箱保存，随取随用。

辅食的喂养工具

附吸盘餐具

底部附吸盘的餐具，能牢牢地固定在桌上，避免宝宝吃得到处都是。

附吸盘餐具

分格餐盘

材质为塑料制品，不怕宝宝摔破。将餐点依格分装，这样菜品不会弄混。

分格餐盘

杯子

当宝宝已学会自己喝水时，可换用单握把的可爱水杯，既能满足宝宝的好奇心，又能让宝宝养成经常喝水的好习惯。

杯子

安全汤匙、叉子

叉子尖端的圆形设计，能避免宝宝使用时刺伤自己，更能让宝宝享受更愉快的用餐时光。

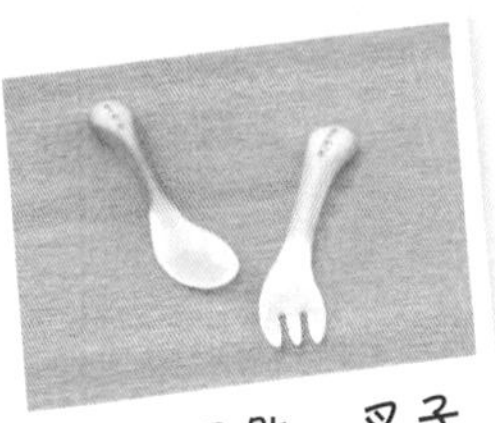

安全汤匙、叉子

围嘴

避免食物滴落弄脏衣服的必备工具，建议购买经过防水处理的产品。常见款式有绑带式和松紧带式。

围嘴

湿纸巾

在没有水的情况下，可用湿纸巾擦拭宝宝的手和脸。

湿纸巾

喂养小提示：锻炼宝宝咀嚼能力的好处

◎有利于唾液的分泌，让唾液与食物充分混合，促进食欲。

◎使食物磨得比较细碎，提高消化酶活性，促进消化，有利于营养吸收。

◎有助于牙齿发育和生长。咀嚼能力不够，宝宝的颌骨发育不好，长出来的牙齿会排列不齐。

◎有利于头面部骨骼、肌肉的发育，加快头部血液循环，增加大脑血流量，使脑细胞获得更多的氧气和养分。

◎充分的咀嚼可以训练口腔、舌头、嘴唇等相应器官肌肉的协调性及灵活性，提高宝宝发音的清晰程度。

PART 2

6 个月，果汁米粉是最爱

米粉、肉泥、虾泥、
水果泥、蔬菜泥、蛋黄泥……
宝宝的活动量越来越大，
吃的也从稀糊状辅食转为慢慢接受泥状辅食了！
不过，直到现在辅食还只是补充部分营养的不足，
不用追求辅食量，但是可以变换花样哦！

6个月宝宝喂养要点：宝宝爱吃的食物越来越多了

宝宝特点素描

◎身体发育：体格进一步发育，神经系统日趋成熟。另外，有些宝宝已经开始长乳牙了，所以可以添加肉泥等辅食。

◎智力发育：要多给宝宝进行一些感官训练，爸爸妈妈可以从不同的方位呼唤，让宝宝慢慢辨别方位，从而促进宝宝的智力发育。与宝宝进行交流时，要对其"咿咿呀呀"声做出回应。

辅食添加任务

为了帮助宝宝顺利完成从流质食物向固体食物的过渡，爸爸妈妈要及时增加辅食的种类，并尽量保持口味清淡，还要保证宝宝营养充足。

科学喂养计划

◎刚进入第6个月的宝宝，纯母乳喂养尚可以满足需要。有些宝宝已经开始添加辅食了，而有些宝宝还未添加。但不管怎么样，这个月的宝宝都应该考虑添加辅食了。

◎虽然宝宝添加了辅食，但仍应以奶类作为主食。母乳喂养的宝宝应继续坚持喂养。

◎除了米粉和肉泥外，也应该注意尽早为宝宝添加些蔬菜水或蔬菜泥、果汁和水果泥，以增加食物中膳食纤维和维生素C的摄入。

◎也可以开始让宝宝尝试鱼肉。如黄鱼、平鱼等，此类鱼肉多、刺少，便于加工成肉泥，而且卵磷脂、蛋白质含量高，肉细嫩易消化，对宝宝的生长发育非常有益。

6月龄：一日喂养方案

时间		喂养方案
上午	6:00～6:30	母乳或配方奶250毫升，饼干3～4块。
	9:00～9:30	蒸鸡蛋1个（食用蛋黄）。
下午	12:00～12:30	粥1碗（约20克），加碎菜末、鱼末等。
	15:30～16:00	母乳或配方奶200毫升、面包1小块。
	18:00～18:30	烂面条1碗（约40克），加肉末和碎菜末。
夜间	20:00～21:00	母乳或配方奶220毫升。

三色米汤

材料：粳米、红米、糙米各 50 克。

做法：

❶ 锅中注入适量清水烧开，放入洗净泡好的粳米、红米、糙米。
❷ 搅拌均匀，使米粒散开，盖上盖子，用大火煮沸。
❸ 再转用小火煮约 30 分钟至米粒熟透。

好妈妈喂养经

◎红米富含碳水化合物和植物性蛋白，红米的天然植物色素也有益于健康。给宝宝煮米汤时放些红米是不错的选择。

◎汤锅中的清水要一次性加足，中途加水会破坏米粒柔软的口感。

青菜汁

材料：青菜 40 克（小白菜、小油菜均可）。

做法：

1. 将青菜用水洗净，切成碎末。
2. 锅置火上，将水烧开后放入青菜碎末，待水开后煮 2 ~ 3 分钟离火，再焖 10 分钟。
3. 滤去菜渣，留取汤汁即可。

好妈妈喂养经

◎给宝宝喂蔬菜汁时，第一次喂 1 茶匙，大约 10 毫升，以后可逐渐增加，但每天最多不超过 150 毫升。

◎蔬菜汁要随制随饮，以免因长期放置，其中的亚硝酸盐含量增高而引起中毒。

鲜哈密瓜汁

材料：新鲜哈密瓜 60 克。

做法：

1. 鲜哈密瓜去皮、籽，切成块状。
2. 将切好的哈密瓜块放入榨汁机中榨出汁。
3. 用纱布过滤后，将哈密瓜汁与温水以 1:2 的比例稀释即可。

好妈妈喂养经

◎哈密瓜营养丰富，但较甜，给宝宝食用时要加适量水稀释。

◎由于哈密瓜汁含糖较高，多喝会使宝宝食欲下降，所以应控制好饮用量。

◎果蔬汁中仅含有很少的膳食纤维，不能完全代替蔬菜和水果。

猕猴桃汁

材料：新鲜猕猴桃 2 个，白糖少许。

做法：

1. 猕猴桃去皮，切块，放入榨汁机中，加凉开水搅拌榨汁。
2. 倒出来后，加入白糖搅匀，随即给宝宝饮用。

水蜜桃汁

材料：水蜜桃 50 克。

做法：

1. 水蜜桃用清水洗净。
2. 放入榨汁机中榨汁即可。

鲜菜汤

材料：小白菜（或菠菜）2 片。

做法：

1. 锅里加 2 小碗水煮沸。
2. 将小白菜或菠菜清洗后放入，盖上锅盖焖煮 3 分钟熄火。
3. 打开锅盖，将菜挑出，只留汁水，待温后即可喂食。

葡萄汁

材料：紫葡萄 3 ~ 4 颗。

做法：

1. 紫葡萄洗净，去皮、籽，用干净的纱布包起。
2. 用汤匙将紫葡萄压挤出汁，加凉开水以 1∶1 的比例稀释即可。

苹果泥

材料：苹果 70 克。

做法：

1. 可将苹果洗净去皮，用勺子刮成泥状，即可喂食。
2. 也可将苹果洗净，去皮，切碎丁，加入适量凉开水，上笼蒸 20 分钟，稍凉后即可喂食。

香蕉泥

材料：香蕉 70 克，柠檬汁少许。

做法：

1. 将香蕉去皮，剥去白丝，切成小块。
2. 再将香蕉块放入搅拌机中，淋入几滴柠檬汁，搅成香蕉泥即可喂食。

奶香南瓜糊

材料：南瓜 100 克，奶粉 1 小匙。

做法：

1. 将南瓜去皮切片，放入锅中煮熟。
2. 用小勺将煮熟的南瓜片压成泥。
3. 在南瓜泥中加入适量开水，再加入 1 小匙奶粉搅拌均匀即可。

◎南瓜中含有丰富的类胡萝卜素和 B 族维生素，对宝宝的生长发育很有益处。

◎南瓜和胡萝卜一样，宝宝食用过多会使皮肤变黄，但这是正常现象，换食别的食物即会恢复正常肤色。

风味奶酪

材料：奶粉 50 克，菠萝块 5 克，饼干（压粉）4 片，干奶酪 1 片。

做法：

1. 将饼干、奶粉和菠萝块放入榨汁机搅拌均匀后倒入容器中。
2. 加入干奶酪片调匀即可。

好妈妈喂养经

◎有食用菠萝汁过敏史的宝宝不宜食用。

◎不要用酸奶来代替奶粉。因为此时的宝宝消化功能没有发育完全，不能充分接受酸奶中的乳酸菌，所以不建议给 6 个月大的宝宝喝酸奶。

菠菜土豆肉末粥

材料：新鲜菠菜 50 克，土豆 40 克，蒸熟肉末、大米粥各适量。

做法：

1. 将新鲜菠菜洗净，汆烫后剁成泥。
2. 土豆蒸熟去皮，压成泥状，备用。
3. 将大米粥、熟肉末、菠菜泥、土豆泥一起放入锅内，用小火烧开至煮烂。
4. 加入熬熟的植物油混匀即可喂食。

鱼泥苋菜粥

材料：熟鱼肉 30 克，苋菜嫩芽 3 片，大米粥 3 大匙，鱼汤适量。

做法：

1. 苋菜嫩芽氽烫，切末后压成泥；熟鱼肉压碎成泥（去尽鱼刺）。
2. 在大米粥中加入鱼肉泥、鱼汤煮至熟烂。
3. 再加入苋菜泥及熬熟的植物油，煮烂后即可喂食。

黑芝麻大米粥

材料：黑芝麻 10 克，大米 30 克。

做法：

1. 黑芝麻炒熟，备用。
2. 大米用开水浸泡至软，用搅拌机打成细末，再加入适量开水煮至米熟汤稠。
3. 在粥中加入黑芝麻粒，继续煮片刻，拌匀后即可喂食。

奶糊香蕉

材料：香蕉 100 克，配方奶粉适量。

做法：

1. 香蕉去皮后，用勺子背面把香蕉压成泥状，备用。
2. 将香蕉泥放入锅内，加入配方奶粉和适量温水混合均匀。
3. 锅置火上，边煮边搅拌，煮至糊状，熄火即可。

妈妈们在喂宝宝这道奶糊香蕉的时候，要注意宝宝的消化功能是否正常，如果发现宝宝有腹泻现象，要立即停止喂食。

胡萝卜平鱼粥

材料：平鱼 30 克，胡萝卜 10 克，大米粥半碗。

做法：

1. 将胡萝卜洗净，去皮，切细丁；平鱼洗净，去干净刺，切成细丁。
2. 将胡萝卜丁、平鱼丁与大米粥混合煮软，搅成糊状即可喂食。

好妈妈喂养经

◎平鱼肉质鲜嫩、刺少，适合作为宝宝辅食制作材料。
◎平鱼脂肪含量低，所以宝宝常吃平鱼也不会发胖。
◎平鱼中所含的高蛋白是宝宝生长发育所必需的营养成分。

西瓜奶汁

材料：小西瓜 100 克，配方奶粉适量。

做法：

❶ 小西瓜洗净，去皮，切块，放入榨汁机中榨成汁。
❷ 将西瓜汁倒出来，加入配方奶粉搅拌均匀即可喂食。

好妈妈喂养经

妈妈们在挑选西瓜时要注意，手摸瓜皮，感觉瓜皮滑而硬则为好瓜，瓜皮黏或发软为次瓜。另外，成熟度越高的西瓜，其分量就越轻。一般同样大小的西瓜，以轻者为好，过重者则是生瓜。

米粉芹菜糊

材料：新鲜芹菜 30 克，米粉 20 克。

做法：

❶ 芹菜洗净，切碎。
❷ 米粉泡软，备用。
❸ 锅内加水煮沸，放入碎芹菜和米粉，煮 3 分钟即可。

好妈妈喂养经

米粉易于消化，适合这一时期的宝宝食用。而芹菜含丰富的维生素和膳食纤维，是宝宝摄取各种维生素和膳食纤维的理想来源。但要注意，不要给宝宝食用过多的芹菜，以免造成宝宝消化不良。注意选用鲜嫩的芹菜。

纯味米汤

材料： 大米 3 小匙。

做法：

1. 将大米用清水洗净，浸泡 2 小时。
2. 锅中放入大米，加入适量水，小火煮至粥成，备用。
3. 将大米粥过滤，留取米汤，等到米汤微温时给宝宝喂食即可。

好妈妈喂养经

大米粥中的米汤性味甘平，具有养阴、益气、润燥的作用。做米汤时，应将米粒煮至开花，这样对宝宝来说最有营养。

蛋黄泥

材料： 鸡蛋 1 个。

做法：

1. 将鸡蛋洗净，放锅中煮熟。
2. 将熟鸡蛋剥去蛋壳，除去蛋白，取蛋黄，加入少许白开水，用小匙压成泥即可。
3. 也可将蛋黄泥用牛奶或米汤等食物调成糊状食用。

好妈妈喂养经

蛋黄泥营养丰富，软烂适口，既可为宝宝补益大脑，又可增加宝宝的免疫力。制作蛋黄泥时要注意，应选择鲜蛋作为原料，煮时以凉水下锅，煮好后立刻浸入凉水中，这样易去蛋壳。

专题 1：喂养难题深度辅导

宝宝辅食的正确喂法

正确的方法可以帮助宝宝顺利吃辅食。爸爸妈妈可以参考下面的喂养方法。

1. 将宝宝抱在膝上，围上围嘴。
2. 用湿毛巾擦干净宝宝的嘴和手。
3. 汤匙要正对宝宝嘴巴前方，并放在宝宝舌上。
4. 扶住宝宝的手腕，餐具要摆在宝宝嘴巴正下方。
5. 轻拍宝宝背部，让宝宝打嗝。
6. 等宝宝吃完后，帮宝宝擦干净小嘴。

微波炉制作辅食的是与非

食物经过微波加热后，或多或少地会损失一些怕热的营养物质，比如叶酸和维生素C等。但和煮、蒸等烹调方法比起来，并不会损失更多，因为加热时间短，可能会损失相对更少。另外，微波加热并不会产生有害物质，加热过程也没有放射性，所以可以放心使用。但微波不能均匀加热食物，可能会导致食物生熟不匀，或存在危险的热点，喂养不慎容易烫伤宝宝的舌头和软腭。所以，用微波制作宝宝食物时可以在中途停下来翻动数次，也可以在加热后搅匀。

宝宝6个月大时能吃盐吗

此时最好别给宝宝吃盐，因为宝宝的肾脏还没发育完全，给宝宝吃盐会加重肾脏的负担。另外，这个时候宝宝的饮食应该与大人分开，因为大人饮食里的油、盐、味精等调料太多，宝宝的身体很难承受。

不要给宝宝喝茶

茶中含有茶碱和咖啡因，具有提神作用，很多人喜欢喝茶。茶还有抗氧化作用，成年人喝茶有益于健康。但对于宝宝来说，这些可以兴奋神经的物质是不适宜的，它们会影响婴儿的睡眠，还可能造成宝宝不适。而且茶叶中的鞣酸易与食物中的钙结合成不溶解的物质，减少钙的吸收和利用，对于需要大量钙质来长骨骼的宝宝来说也是不利的。因此，小宝宝是不适合喝茶水的。即便对于大一些的宝宝，喝茶水也要谨慎。另外需要注意的是，在宝宝患病服药期间，不要给宝宝喝茶水，特别是不能用茶水给宝宝喂药，以免影响药物吸收，产生不良反应。

宝宝太小时不宜食用加糖食物

“糖”是指再制、过度加工过的糖类，不含无机盐或蛋白质，很容易导致肥胖，吃糖过多会影响到宝宝的健康。同时，糖类也会使宝宝的胃口受到影响，妨碍吃健康的食物。所以，对于这一阶段的宝宝来说，应该尽量避免食用加糖或人工甜味剂的食物。

宝宝不宜食用口味太重的食物

以下口味太重的食物会影响宝宝生长发育，也会影响宝宝的食欲和口感：

◎ 咖喱、辣椒、咖啡、可乐等刺激性的食物或含酒精的饮料。

◎ 太甜的面点、太咸的稀饭和汤类。

◎ 竹笋等纤维太多的食物。

◎ 含人工添加剂的食物，如方便面、膨化食品等。

给宝宝添加新食物的技巧

第一次给宝宝喂新的食物或固体食物时，宝宝可能会将食物吐出来，这是因为他还不熟悉新食物的味道，但这并不表示他对这种食物不喜欢。爸爸妈妈需要连续喂食数天，宝宝才可能适应新的口味。另外，在宝宝心情舒畅的时候，给宝宝添加新的食物效果会比较好。

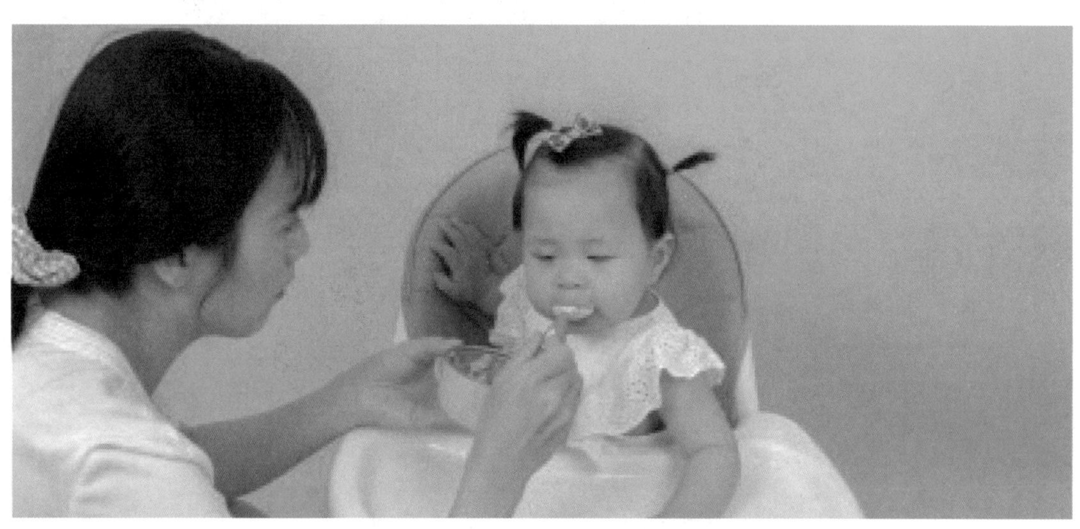

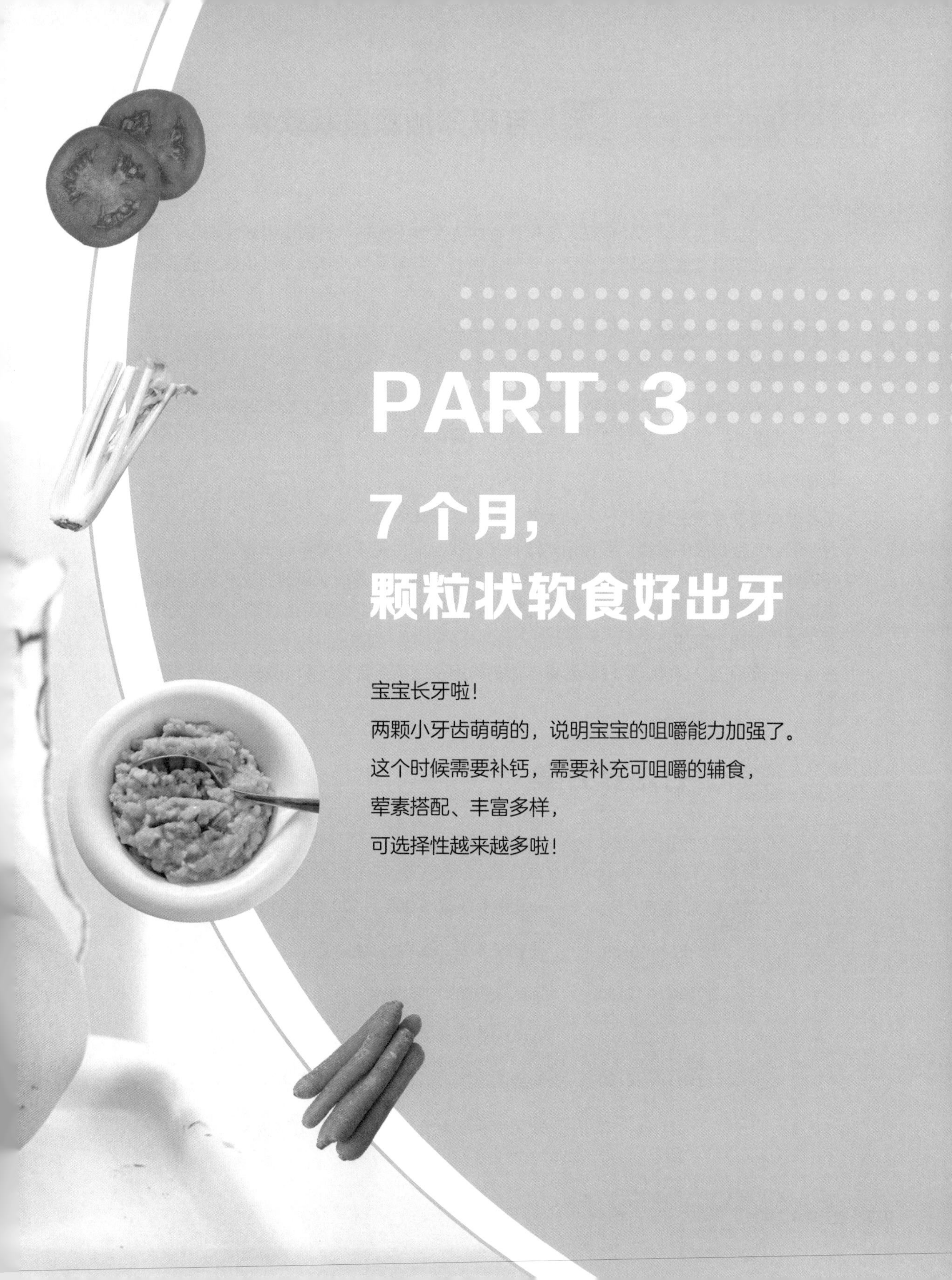

PART 3

7 个月，颗粒状软食好出牙

宝宝长牙啦！

两颗小牙齿萌萌的，说明宝宝的咀嚼能力加强了。

这个时候需要补钙，需要补充可咀嚼的辅食，

荤素搭配、丰富多样，

可选择性越来越多啦！

7个月宝宝喂养要点：可以添加颗粒状软食

宝宝特点素描

◎ 身体发育：宝宝的身体已经有很大变化，有的宝宝胖乎乎的，有的体型则比较小。男宝宝、女宝宝从面部特征就能够明显地区分开来。而且，宝宝各自的体型特征也逐渐显现出来。

◎ 智力发育：如果对宝宝十分友善地讲话，他会很高兴，但如果你训斥他，他就可能哭。从这一点来说，宝宝已经开始能理解别人的感情了。

辅食添加任务

此时多数宝宝每天的辅食种类越来越丰富，爸爸妈妈更应该注意均衡哺喂，而不要一味地给宝宝增加营养，以免导致宝宝过胖，影响后期发育。

科学喂养计划

◎ 喂养辅食要循序渐进地进行，不能太着急地添加固体食物。

◎ 为了配合宝宝口腔的发育，要特别注意食物的状态，尽量喂食柔软的食物。

◎ 在辅食种类上，应遵循的原则是：从单一到多样，从少到多，从稀到稠，从软到稍硬。

◎ 在添加辅食过程中，如果宝宝有胃肠道不耐受的情况出现，应停止喂哺，等胃肠道功能恢复正常后再逐步添加。

◎ 在食材的选用上，谷类、蛋白质含量丰富的肉类及蔬菜要合理搭配，这有益于宝宝的健康。

7月龄：一日喂养方案

时间		喂养方案
上午	6:00	母乳喂养或者喂200～220毫升配方奶。
	9:00～10:00	母乳喂养或者喂120～150毫升配方奶、3～4小块饼干。
下午	12:00～12:30	菜泥或肉泥约1/3碗。
	15:00	母乳喂养或者喂150～200毫升配方奶、1片面包。
	18:00～18:30	鸡蛋羹或烩粥（面）1/3碗，水果泥适量。
夜间	21:00	母乳喂养或者喂200～220毫升配方奶。

苹果米糊

材料：苹果 85 克，红薯 90 克，米粉 65 克。

做法：

1. 将去皮洗净的红薯切开，切成小块；洗净的苹果去除果核、表皮，再切成小丁块。
2. 蒸锅上火烧开，放入装有苹果、红薯的蒸盘，用中火蒸约 15 分钟至食材熟软。
3. 取出蒸好的食材，晾凉、压扁，制成泥状。
4. 汤锅中注入适量清水烧开，倒入苹果泥、红薯泥，拌匀。
5. 倒入备好的米粉，拌煮片刻至食材混合均匀，呈米糊状即成。

好妈妈喂养经

◎苹果含有果糖、葡萄糖等糖类，还含有苹果酸、柠檬酸、果胶、维生素 C、钾、镁等营养成分。宝宝食用些苹果可以补充维生素、矿物质，苹果中的膳食纤维也有助于通便。

◎蒸好的食材可放凉后再制成泥，以免烫伤手。

肉末茄泥

材料：圆茄子 1/3 个，肉末 1 小匙，水淀粉少许。

做法：

1. 将肉末用水淀粉搅拌均匀，腌制 20 分钟。
2. 圆茄子横切 1/3，取带皮部分较多的那一半，茄肉部分向上放碗内。
3. 将肉末置于茄肉上，上锅蒸至酥烂，取出拌匀即可。

牛肉粳米粥

材料：米粉 20 克，牛肉 25 克，粳米 50 克，干淀粉适量。

做法：

1. 将粳米洗净，放入锅内，加入清水煮开，续煮至粳米开花；把洗净的牛肉剁成蓉，加入干淀粉拌匀；米粉炒香，捞出。
2. 将调好的牛肉蓉放入熬好的粥内，再次煮沸，装碗食用时，加入炒香的米粉即成。

莲藕猪排泥

材料：莲藕 100 克，猪排 50 克。

做法：

1. 莲藕洗净切片；猪排洗净，放入沸水中汆烫，除去血水，捞起洗净。
2. 将莲藕片、猪排和适量水以大火煮沸，转小火盖上锅盖续煮 30 ~ 40 分钟。
3. 取出煮熟的莲藕和适量汤汁，放入食物搅拌机内搅打成泥状即成。

山药糯米羹

材料：山药 100 克，糯米 50 克。

做法：

❶ 山药去皮洗净，切成小块；糯米淘洗干净，放入清水中浸泡 3 小时。

❷ 将山药块与泡好的糯米一起放入搅拌机中打成汁备用。

❸ 将糯米山药汁下入锅中煮成羹即可。

好妈妈喂养经

山药的汁液弄到手上会很痒，妈妈们在处理之前可以将山药放在开水锅中煮 4 ~ 5 分钟，晾凉后去皮，这样就不会把汁液弄到手上了。

鸡肉南瓜泥

材料：去皮南瓜 1 小块，鸡肉末 1 大匙，虾皮汤 1 小匙。

做法：

❶ 南瓜搅成碎末，放入锅内，加少许开水煮至南瓜软烂。

❷ 锅内加入鸡肉末稍煮。

❸ 最后加入虾皮汤煮至黏稠即可。

好妈妈喂养经

◎南瓜富含类胡萝卜素和微量元素锌，有助于提高免疫力；鸡肉蛋白高，脂肪少，适合宝宝食用；少量虾皮汤可起到调味作用。

◎本菜品含有丰富的蛋白质、脂肪、碳水化合物、多种维生素及铁、磷、锌等，所以妈妈可以隔几天就给宝宝喂食。

香蕉奶糊

材料：熟透的香蕉 40 克，配方奶粉 50 克，玉米粉 10 克，白糖少许。

做法：

1. 香蕉去皮后用勺研碎。
2. 配方奶粉调好，加入玉米粉和白糖，边煮边搅匀，煮好倒入香蕉泥调匀即可。

好妈妈喂养经

此糊香甜适口，奶香味浓，富含蛋白质、碳水化合物、钙、磷、铁、锌及维生素 C 等多种营养素。

深海鱼肉泥

材料：深海鱼肉 50 克。

做法：

1. 将鱼肉洗净，放入沸水中汆烫，捞出后去除鱼皮、鱼刺。
2. 将鱼肉捣碎，然后用干净的纱布包起来，挤去水分。
3. 将鱼肉放入锅内，加入适量开水，用大火熬煮 10 分钟，至鱼肉软烂即可。

好妈妈喂养经

做这道菜的时候宜选择深海鱼肉，是因为深海鱼的鱼刺较少，而且营养也比淡水鱼更丰富一些，更有利于宝宝吸收营养，但妈妈们在制作的时候要把刺去尽，以免给宝宝带来伤害。

红糖绿豆沙

材料：绿豆 60 克，红糖少许。

做法：

1. 将绿豆洗净，放入清水中泡软。
2. 锅中加入适量水及绿豆，大火烧开后再用小火煮，至绿豆成开花状，加红糖调味，稍煮即成。

好妈妈喂养经

绿豆含磷脂、胡萝卜素、维生素 B_1、维生素 B_2 等多种营养素，是清热解毒的佳品。红糖绿豆沙可清热解毒、生津止渴，对宝宝常生疮疖、“血热”症状有一定缓解作用。

蘑菇米粥

材料：大米粥 200 克，蘑菇 50 克。

做法：

1. 蘑菇洗净，切碎。
2. 锅置火上，加适量油，稍热后放入蘑菇，翻炒至熟烂。
3. 大米粥倒入锅中，拌匀即可。

好妈妈喂养经

蘑菇含有丰富的膳食纤维和多糖类，膳食纤维有利于宝宝通便，多糖类可以帮助宝宝提高抵抗力。大米中含有大量碳水化合物，可以为宝宝提供能量。此粥味道鲜美，易于消化吸收，适合宝宝食用。

煮挂面

材料： 挂面（煮熟）10 克，鸡胸肉 5 克，胡萝卜、菠菜、水淀粉各适量。

做法：

1. 胡萝卜洗净，切丁煮软烂；菠菜洗净汆烫捞出，沥干，备用。
2. 鸡肉剁碎后用水淀粉抓好，倒入开水煮熟，再放入胡萝卜丁和菠菜做成汤。
3. 最后加入已煮熟的切成小段的挂面，煮 2 分钟即可。

好妈妈喂养经

菠菜的营养价值很高，是蔬菜中蛋白质含量最高的品种之一，还含有较多的胡萝卜素，钙、铁含量也较高，只是烹调时要先用热水汆烫一下，以除去影响钙、铁吸收的草酸。

黑芝麻糊

材料： 大米 100 克，黑芝麻 80 克，白糖 20 克。

做法：

1. 大米淘洗干净，用水浸泡 1 小时。
2. 黑芝麻淘洗干净。
3. 锅置火上，放少许油烧热，放入黑芝麻炒出香味。
4. 倒入大米拌和，一起放入小石磨，带水磨成米浆。
5. 锅中放入适量水，加入白糖和几滴香油。
6. 烧沸之后倒入米浆，边倒边用勺搅拌，直至糊状即可。

好妈妈喂养经

黑芝麻与大米合用，能供给含钙等的无机盐，促进食欲，有利骨骼、大脑的发育。

蛋黄奶粉米汤粥

材料：米汤半小碗，奶粉 2 匙，鸡蛋 1 个。

做法：

1. 在煮大米粥时，将米汤盛出半小碗。
2. 将鸡蛋煮熟，取 1/3 个蛋黄研成泥状。
3. 将奶粉冲调好，放入蛋黄、米汤，调匀即可喂食。

好妈妈喂养经

鸡蛋富含蛋白质和钙质，其中的蛋黄还含有丰富的卵磷脂，对宝宝的生长和大脑发育非常有好处。

肉泥米粉

材料：猪瘦肉 50 克，米粉 100 克，香油少许。

做法：

1. 将猪瘦肉洗净后剁成泥，加入米粉和香油，搅拌均匀成肉泥。
2. 肉泥加少许水后放入蒸锅，以中火蒸 7 分钟至熟烂即可。

好妈妈喂养经

米粉是非常适合宝宝食用的食物，与猪瘦肉搭配食用，营养会更加丰富，也更适合宝宝。

专题 2：喂养难题深度辅导

如何让宝宝自觉吃辅食

◎给宝宝示范咀嚼食物：宝宝可能还不习惯咀嚼，会用舌头往外推食物，爸爸妈妈要及时给宝宝示范如何咀嚼食物并吞下去，让他有更多的学习机会。

◎不要喂太多或太快：要按宝宝的食量喂食，速度不要太快，喂完食物后，也不要马上喂奶。

◎让宝宝品尝新口味：饮食富于变化能刺激宝宝的食欲。逐渐增加辅食的种类，还能让宝宝养成不挑食的好习惯。

◎准备宝宝的专用餐具：市售的宝宝餐具有可爱的图案、鲜艳的颜色，可以促进宝宝的食欲。爸爸妈妈不妨为宝宝选购一套，但一定要是正规厂家生产的产品。

7个月的宝宝能吃蜂蜜吗

宝宝在1岁以内最好不要吃蜂蜜。这是因为蜂蜜中可能含有肉毒杆菌，宝宝容易被感染而出现中毒症状，例如便秘、疲倦、食欲减退等。从另一个角度来说，1岁以内的宝宝不建议添加任何糖类等甜食。以免养成宝宝嗜糖的口味，同时也会影响其他食物的摄入。

辅食不能仅以米面为主

为宝宝添加辅食应考虑种类均衡，如适量的米、面，以及肉泥、蛋类、果蔬泥等。种类均衡的食物不但从营养方面更加均衡，也可以让宝宝多尝试各种食物的味道和质地。另外还要注意保证母乳的摄入量。

宝宝可以喝浓奶粉吗

奶粉的标准冲调是参照母乳中营养物质的浓度来设计的，是符合宝宝生理需要和代谢能力的。如果冲得过浓，里面各种营养物质均偏高，蛋白质和脂肪偏高会造成宝宝消化不良；而矿物质浓度过高（如钠等）则会增加宝宝的肝肾代谢负担，影响宝宝的健康。

宝宝可以喝豆浆吗

添加辅食之前的宝宝一般不摄入除母乳外的任何食物。添加辅食以后的宝宝原则上是可以喝豆浆的，但豆浆不能用来代替母乳或配方奶。因为豆浆的营养成分大大低于奶类。另外，首次给宝宝添加豆浆也需要慎重，与添加任何辅食一样，从少到多，同时注意观察宝宝是否有过敏和消化不良的表现。

宝宝发烧时如何吃辅食

宝宝发烧，爸爸妈妈在安排饮食时要注意，总热量不能低于宝宝身体所需热量的70%。同时，要给予宝宝易消化的流质或半流质饮食，如牛奶、蛋花汤、米汤、稀粥、藕粉、肉末面条等，也可以多补充水分。待宝宝恢复健康后，饮食应尽快恢复到以前的模式。

妈妈在母乳喂养期间能吃减肥药吗

新妈妈的产后体型和体态恢复，大约需要半年以上的时间。因此，哺乳期是产后恢复体型的最好时期，一般采用合理的饮食和运动，体重均可以得到有效的控制。为了宝宝的安全，哺乳期间不能使用减肥药。如果特别有必要使用的话，应咨询医生，在医生指导和监测下进行。

PART 4

8个月，固体状食物吃起来

宝宝的咀嚼能力越来越强，
辅食也显得更加重要了！
现在宝宝可以吃固体软食，
各种蔬菜、肉类都可以接受，
我的挑战又来啦！

8 个月宝宝喂养要点：需添加小片成形固体软食

宝宝特点素描

◎ 身体发育：可以独自贴地向四周行动，向前或向后爬；在椅子上可以坐得很好，自己坐得很稳，可以坐着转向 90°，也会自己坐起来。总之，宝宝的灵活性和协调性进一步增强。

◎ 智力发育：从早期的发出咯咯声或尖叫声，向可识别的音节转变；会笨拙地发出“妈妈”或“拜拜”等声音。

辅食添加任务

宝宝进入 8 个月后，体格发育速度有所减慢，而自主活动却明显增多，所以每天热能消耗还会不断增加。因此，宝宝的饮食结构随之发生变化，添加的辅食应更丰富，妈妈们可以让宝宝吃混合性食物了，食物的加工方法也可以从泥糊状向末、小丁、细丝等转变。

科学喂养计划

◎ 每天添加辅食的次数和时间可保持基本不变，与母乳交替喂养。

◎ 辅食种类应更加丰富，但宝宝还不能像大人那样吃饭，所以要避免让宝宝吃那些不易消化吸收和不新鲜的食物。

◎ 辅食量以奶量基本不减少为原则，如果辅食量过多，则会影响到宝宝发育。

◎ 在添加辅食时，如果宝宝患病，应暂时停止添加，待其恢复后再重新添加。

8 月龄：一日喂养方案

时间		喂养方案
上午	6:00	母乳喂养或者喂 200～220 毫升配方奶、面包片 30 克。
	8:30～10:00	菜汁或果汁约 150 毫升，20 克营养米粉，15 克蛋黄，2～3 小块饼干。
下午	12:00～12:30	肉蛋类烩粥或烩面约 2/3 碗。
	15:00	母乳喂养或者喂约 180 毫升配方奶、1 片面包。
	18:00～18:30	鸡蛋羹或烩粥（面）1/3 碗，水果泥适量。
夜间	21:00	母乳喂养或者喂 200～220 毫升配方奶。

豆腐蒸鹌鹑蛋

材料： 200 克豆腐，45 克熟鹌鹑蛋，100 毫升肉汤。

调料： 鸡粉，盐，生抽，水淀粉，食用油。

做法：

1. 洗好的豆腐切成条形，备用。 熟鹌鹑蛋去皮，对半切开，待用。
2. 把豆腐装入蒸盘，挖小孔，再放入鹌鹑蛋。摆好，压平，撒上少许盐，备用。
3. 蒸锅上火烧开，放入蒸盘。盖上锅盖，用中火蒸约 5 分钟至熟。揭开锅盖，取出蒸盘待用。
4. 用油起锅，倒入适量肉汤，淋入少许生抽。再加入适量鸡粉、盐，搅匀调味。倒入少许水淀粉，搅匀，制成味汁。关火后盛出味汁，浇在豆腐上即可。

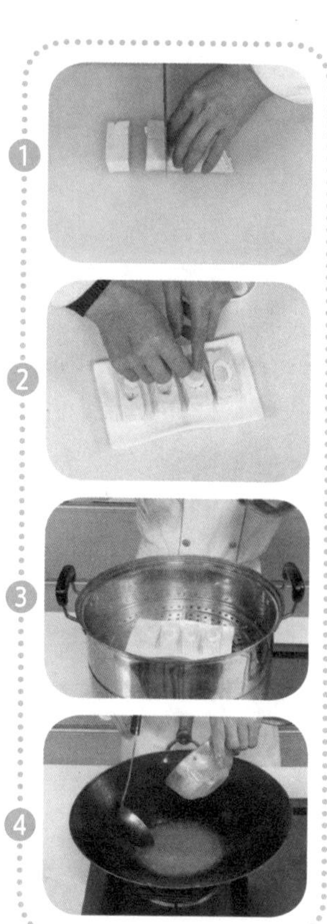

好妈妈喂养经

鹌鹑蛋含有丰富的蛋白质、脑磷脂、卵磷脂、赖氨酸、胱氨酸、维生素 A、维生素 B_2、维生素 B_1、铁、磷、钙等营养物质，这些营养物质都具有促进身体生长以及促进大脑和神经系统发育的作用。

燕麦南瓜泥

材料： 南瓜 250 克，燕麦 55 克。

做法：

1. 去皮洗净的南瓜切片，燕麦装入碗中，加少许清水浸泡一会。
2. 蒸锅放水烧开，放入南瓜、燕麦，用中火蒸 5 分钟至燕麦熟透，取出待用。
3. 继续蒸 5 分钟至南瓜熟软，取出装碗，用筷子拌匀。
4. 加入蒸好的燕麦， 快速搅拌 1 分钟至成泥状即可。

好妈妈喂养经

◎南瓜含有多种氨基酸，其中包括幼儿所需的组氨酸。它所含的亚麻油酸、卵磷脂等能够促进婴幼儿大脑的发育和骨骼的发育。此外，南瓜富含的糖、淀粉、磷、铁，还可以给宝宝补血，防止缺铁性贫血的出现。

◎制作此道辅食时，也可用红薯、紫薯等代替南瓜，营养也相当丰富。

肉蔬糊

材料：土豆 150 克，胡萝卜 50 克，瘦肉 40 克，洋葱 20 克。

调料：高汤 200 毫升，盐适量。

做法：

1. 将去皮洗净的土豆、胡萝卜切片，瘦肉切碎剁成肉末，洋葱切成碎末。
2. 蒸锅上火烧沸，放入装有土豆片和胡萝卜片的蒸盘用中火蒸约 15 分钟至食材熟软。
3. 将蒸好的土豆和胡萝卜用榨汁机搅拌片刻，制成蔬菜泥备用。
4. 汤锅置于火上，倒入高汤烧热，放入洋葱、肉末，搅拌几下，用大火煮至沸，加盐拌匀调味。再倒入备好的蔬菜泥拌匀，转小火续煮一小会至沸腾即可。

好妈妈喂养经

◎瘦肉含有丰富的蛋白质、脂肪、钙、磷、铁等成分，不仅是成人日常生活的主要副食品，也是幼儿必不可少的补充营养物质的食品之一。
◎土豆和胡萝卜最好切得薄一些，这样可以缩短蒸熟的时间。

油煎鸡蛋面包

材料：全麦面包 1 片，鸡蛋 1 个。

做法：

1. 鸡蛋打散取蛋液，煎锅中放入油加热。
2. 面包两面蘸上鸡蛋液，放入热油中煎至金黄。
3. 用吸油纸吸去面包上多余的油，再将面包切成手指形即可食用。

鲜美沙锅炖鸡

材料：鸡胸肉 1 块，胡萝卜 1 根，豌豆 50 克，香菇适量。

做法：

1. 鸡胸肉去皮切丁，胡萝卜洗净削皮切丁，香菇浸泡后切丁。
2. 锅内放油烧热，放入鸡肉丁，略翻炒后加入胡萝卜丁、香菇丁和水，充分搅拌后关盖；小火炖 20 分钟左右，放入豌豆，再煮 5 分钟即可。

猪肝末煮西红柿

材料：猪肝 50 克，西红柿 1 个。

做法：

1. 将猪肝洗净剁碎。
2. 西红柿洗净，略汆烫后剥去皮切碎。
3. 将猪肝末放入锅内，加入清水煮沸，然后加入西红柿碎末煮至熟烂即成。

肉末鸡蛋糊

材料：鸡蛋（打散）1 个，肉末、肉汤各 1 大匙。

做法：

1. 将肉末放入锅内，加肉汤煮至汤浓肉烂即可。
2. 放入打散后调匀的鸡蛋液，小火煮熟即可喂食。

好妈妈喂养经

妈妈们在做这款辅食时，肉末宜切得碎一些，有助于宝宝消化吸收。

栗子红枣羹

材料：栗子 100 克，红枣 20 克。

做法：

1. 锅中加水，放入栗子煮熟，趁热去壳及膜，上蒸笼蒸熟，切成豆粒大小。
2. 红枣泡软后去皮、去核，切小块备用。
3. 锅内加入适量水，烧沸后加入栗子粒、红枣块，再烧沸改小火煮 5 分钟，搅匀即可。

栗子含有碳水化合物、B 族维生素等多种营养成分，对宝宝大脑发育很有好处。做成栗子羹后酥糯香甜，是宝宝非常喜欢的食物。

三文鱼粥

材料：三文鱼 50 克，大米 40 克，香油、干淀粉各少许。

做法：

1. 将三文鱼洗净，去除刺后剁成泥，拌入干淀粉。
2. 将大米与拌好的鱼泥搅匀，放入锅内，用大火煮熟，出锅后加香油调味即可。

好妈妈喂养经

三文鱼是深海鱼，营养丰富且刺很少，非常适合宝宝食用。

香蕉燕麦糊

材料：香蕉 30 克，燕麦片 1 大匙，高汤 5 大匙。

做法：

1. 香蕉切薄片，与高汤、燕麦片拌匀，放入锅内加热至熟。
2. 出锅后再略微捣碎，搅拌均匀即可。

好妈妈喂养经

◎经常食用燕麦，有助于控制过多热量的摄入，从而避免宝宝肥胖。

◎香蕉易于消化、吸收，可均衡营养，适合宝宝食用。

◎香蕉虽然可以缓解便秘症状，但只有熟透的香蕉才有这种作用。一些有便秘症状的宝宝吃过香蕉之后，非但不能帮助通便，反使便秘现象更加严重，便是吃了生香蕉的结果。

专题 3：喂养难题深度辅导

宝宝用手抓饭需要纠正吗

没有必要硬性纠正宝宝用手抓饭吃的行为。事实上，抓饭吃对宝宝有诸多益处。研究表明，这一时期的宝宝正处在学吃饭的时期，所以宝宝的这种行为实质也是一种兴趣的培养。

而且，宝宝与食物反复接触，更能使他对食物变得越来越熟悉，越来越有好感，也有利于避免养成挑食的习惯。

另外，手抓食物给宝宝带来的愉悦感，也会使宝宝更喜欢动手进食，并可以促进食欲和增强手指的灵活性，促进宝宝肌肉发育。如果父母担心这样做不卫生，只要注意将宝宝的小手洗干净即可。

宝宝能吃牛初乳吗

牛初乳是指乳牛产犊后 3 天内分泌的乳汁。研究表明，牛初乳在分泌后 24 小时以内采集的，其蛋白质和免疫球蛋白含量特别丰富，比人初乳要高很多倍，可能在一定程度上对于增强宝宝免疫力有帮助。但因为与母乳中的抗体存在种属差异，所以不具有与人初乳一样的抗病能力。纯母乳喂养阶段的宝宝不建议添加任何其他食物。如果人工喂养的宝宝或者添加辅食以后的宝宝有抵抗力偏低的情况，或许可以考虑适当选用牛初乳。但牛初乳使用时一般量很小，只作为添加成分使用，而不能作为宝宝日常的食物。

PART 5

9 个月，磨磨牙齿饭更香

宝宝可以用手指捏着食物啦！
现在，宝宝牙齿又多了几颗，
他的食物范围也正在扩大，
辅食已经慢慢变成主角，
是不是应该给他一些
可以用手拿着吃的半固体食物了呢？

9个月宝宝喂养要点：添加粥、面条、海鲜、水果片等

宝宝特点素描

◎ 身体发育：宝宝的活动范围扩大了，解决问题的能力增强了，能够扶物站立，由原来的手膝爬行过渡到熟练的手足爬行。而且，宝宝会伸出食指抠东西了，如抠桌面、抠墙壁等。

◎ 智力发育：现在的宝宝能够理解更多的语言，会做出几种表示语言的动作；知道自己的名字，但面对不熟悉的环境和人时会很害怕。

辅食添加任务

从本月开始，辅食开始“唱主角”了。这时要逐渐增加辅食的种类和数量，还要使宝宝逐渐和大人一样每天吃三餐辅食，为食物逐渐替代母乳的角色而做好准备。

科学喂养计划

◎ 虽然母乳不再作为宝宝的主食了，但有哺乳条件的妈妈还是应该哺喂母乳，但要逐步减少，直至宝宝断奶为止。给宝宝喂奶的次数应逐渐减少，可从每日3次减少到2次。

◎ 9个月以后，给宝宝添加的辅食中，各种谷类、面类、蔬菜、水果类等食品应逐渐增多。在饮食结构上，应从流质到半流质，以便将来过渡到正常的固体饮食。

◎ 9个月大的宝宝已经可以自己吃水果了，但要将水果洗净、削皮、去核后再给宝宝吃。

9月龄：一日喂养方案

时间		喂养方案
上午	6:00	母乳喂养或者喂200～220毫升配方奶、面包片25克。
	8:30	水果100～150克。
	10:00	肉蛋类烩粥或烩面约2/3碗，鱼肝油适量。
下午	12:00～12:30	母乳喂养或者喂约180毫升配方奶、1片面包。
	15:00	带肉面食80克。
	18:00～18:30	鱼肉25克、蔬菜泥50克、米粥25克。
夜间	21:00	母乳喂养或者喂200～220毫升配方奶。

扫一扫，看视频

豌豆拌土豆泥

材料：85克豌豆，140克土豆。

调料：盐，白糖，鸡粉，芝麻油。

做法：

1. 洗净去皮的土豆切片，再切条形，改切成小块，装入蒸盘待用。
2. 洗好的豌豆放入碗中，加入白糖、盐，再注入少许清水，搅拌均匀待用。
3. 蒸锅上火烧开，放入土豆。盖上锅盖，用中火蒸约20分钟至其熟软。揭开锅盖，放入豌豆。盖上锅盖，再蒸约10分钟至食材熟透。关火后揭开锅盖，取出土豆和豌豆，放凉待用。
4. 将放凉的土豆压碎，碾成泥状。将土豆泥放入碗中，倒入豌豆搅拌匀。加入适量盐、白糖、鸡粉、芝麻油，搅拌均匀至食材入味。将拌好的菜肴装入盘中即可。

鲜虾汤饭

材料： 虾仁 45 克，菠菜 50 克，秀珍菇 35 克，胡萝卜 45 克，软饭 170 克。

调料： 盐适量。

做法：

1. 菠菜、秀珍菇、胡萝卜、虾仁均切成粒。
2. 汤锅中注入适量清水烧开，倒入胡萝卜、秀珍菇、软饭，压散、拌匀，用小火煮 20 分钟至食材软烂。
3. 倒入虾仁、菠菜，拌匀煮沸，加盐调味。
4. 起锅，把煮好的汤饭盛出，装入碗中即可。

好妈妈喂养经

◎菠菜含有丰富的胡萝卜素、铁、钙，其蛋白质的含量在蔬菜中也属于相对较高的，而且含有较多的叶绿素、植物粗纤维，具有促进肠道蠕动的作用。

◎切虾仁前沿着虾仁的背部剪开，将虾线彻底去除干净，以免影响成品的口感。

鸡肉包菜汤

材料：鸡胸肉 150 克，包菜 60 克，胡萝卜 75 克，豌豆 40 克。

调料：高汤 1000 毫升，水淀粉适量。

做法：

1. 鸡胸肉放入热水，用中火煮约 10 分钟捞出沥干，放凉切成粒。
2. 洗好的豌豆、包菜切碎，洗净的胡萝卜切成粒。
3. 锅中注入清水烧开，倒入高汤，放入鸡肉拌匀，用大火煮至沸。
4. 倒入豌豆、胡萝卜、包菜，拌匀，用中火煮约 5 分钟，倒入适量水淀粉搅拌均匀，至汤汁浓稠，关火后盛出即可。

好妈妈喂养经

◎包菜含有维生素 C、维生素 B_6、叶酸、钾等营养成分。
◎用鲜鱼汤代替高汤，口感也不错。

香菇鸡肉大米粥

材料：大米、鸡胸肉、香菇、青菜各 30 克。

做法：

1. 大米淘净，浸泡 30 分钟；香菇泡软后剁碎末；鸡胸肉剁成泥状；青菜切碎末。
2. 油锅热后加入鸡胸肉泥、香菇末翻炒入味；大米下入锅中翻炒数下，与香菇，鸡肉等混合；加入水，加盖熬煮成粥，待熟后再放入青菜末即可。

虾仁金针面

材料：龙须面 1 小把，金针菇 50 克，虾仁 20 克，青菜 20 克，香油适量。

做法：

1. 金针菇洗净，切成小碎段；青菜洗净切成末；虾仁切成小颗粒。
2. 油锅热后，放入金针菇翻炒入味。
3. 锅中加入水，并放入虾仁和青菜末，水开后下龙须面；面熟后，滴入几滴香油即可。

猪肉米粉羹

材料：猪肉 100 克，米粉 50 克，水淀粉少许。

做法：

1. 将猪肉洗净剁成肉糜备用。
2. 将米粉加拌好的肉糜、水淀粉及少量清水一起搅拌成泥。
3. 上屉蒸 30 分钟即可。

鸡肉油菜粥

材料：大米粥 100 克，鸡肉 20 克，油菜叶 10 克。

做法：

1. 将鸡肉煮熟切碎；油菜叶汆烫至熟，切碎后备用。
2. 将鸡肉加入大米粥中煮开，待鸡肉煮软即可加入油菜末，1 分钟后熄火即可。

好妈妈喂养经

◎鸡肉切成末可锻炼宝宝的咀嚼能力。

◎油菜中含有多种营养素，钙、铁、维生素 C、胡萝卜素的含量都很丰富。但要注意，吃剩的熟油菜不要再给宝宝吃，否则易造成亚硝酸盐沉积，对宝宝健康不利。

香菇鲜虾包

材料：煮熟的鸡蛋、香菇、虾仁、猪肉馅、发好的面粉、香油各适量。

做法：

1. 将蛋去壳后取蛋黄剁碎，香菇切成末，虾仁剁碎。
2. 将①中的材料拌入猪肉馅中，加少量香油制成馅。
3. 将发好的面粉醒 30 分钟，做成包子皮，加入②中的馅料做成包子，蒸 15 分钟即可。

好妈妈喂养经

香菇是四季可食的美味佳肴，有“素中之肉”之称。香菇中除含有丰富的蛋白质外，还含有多种维生素及无机盐，这些物质均对宝宝生长发育有益。

鱼肉馅馄饨

材料：鱼肉 20 克，馄饨皮、香油、清高汤、紫菜各适量。

做法：

1. 取鱼肉去除鱼刺，剁碎后加入适量水，与香油拌成馅，包入馄饨皮。
2. 把包好的馄饨放入煮沸的清高汤中煮熟，起锅时在汤中放入撕碎的紫菜即可。

土豆鸡肉饼

材料：煮熟的土豆 2 片，鸡肉末 30 克，黄油 1/2 小匙，清高汤、奶酪粉、芹菜末各少许。

做法：

1. 将鸡肉末用黄油炒熟，夹入上下两层的土豆片中。
2. 将奶酪粉加入清高汤，煮开后浇在土豆片上，再撒少许芹菜末，再将土豆片放入微波炉烤出香味即可。

小白菜鱼泥凉面

材料：面条 20 克，小白菜叶 1 片，鳕鱼 10 克，西红柿 1 个，蛋黄泥、清高汤各适量。

做法：

1. 将面条切成小段，煮熟后过凉水；小白菜煮软后切碎末；鳕鱼煮熟，去皮、骨后捣成泥。
2. 西红柿去皮切丁，与鳕鱼泥、蛋黄泥、小白菜末、面条一同浇上清高汤即可。

专题 4：喂养难题深度辅导

宝宝吃粗粮的好处

所谓粗粮，一般是指除精米和精面外的谷类，如小米、玉米、高粱米等。9 个月的宝宝可以开始选择吃些粗粮了。宝宝适当吃粗粮对生长发育非常有益，因为粗粮中碳水化合物的含量低，膳食纤维的含量较多，可以防止宝宝摄入过多的能量，从而有预防肥胖的作用；粗粮中的膳食纤维还可以加快肠道蠕动，有利于排便，对于便秘的宝宝很有帮助；粗粮中的植物蛋白、植物脂肪、以及 B 族维生素和矿物质元素含量均高于精白米面，可以为宝宝提供更多的营养。尤其是在宝宝开始长牙时，吃粗粮能够促进宝宝咀嚼肌和牙床的发育，因而粗粮也是宝宝磨牙的好食物。

嚼碎食物喂宝宝不科学

有的家长喜欢按老传统将饭嚼碎后再喂到宝宝嘴里，其实这是很不正确的喂养方法和不良习惯。宝宝开始出牙后，很喜欢乱咬东西，因而口腔易破损，在口腔黏膜屏障不完整时，家长用这种嚼碎食物喂养宝宝的方式，很可能会向宝宝传染乙肝、丙肝、流脑、流感、肺结核等疾病。

宝宝不吃辅食怎么办

碰到这种情况，妈妈们千万不要强迫宝宝吃，因为强硬态度会给宝宝留下很不好的记忆，结果反而会进一步造成添加辅食的困难。聪明的做法是在大人吃饭时，给宝宝先喂一点儿他曾经爱吃的饭菜，观察宝宝是否喜欢。如果宝宝并不喜欢，妈妈们也不要勉强，可以过几天再试试或变换一下口味。这种处理方法不会让宝宝留下不愉快的记忆，一般只需试几次，宝宝就会变得爱吃辅食了。

PART 6

10 个月，自己用勺吃饭香

宝宝越来越好动，吃的东西越来越多，
看样子，宝宝要准备断奶了！
跟着爸爸妈妈，他也有了一日三餐，
看，他正拿着勺子自己吃饭呢！
我得仔细想想，该怎样搭配食物种类啦！

10 个月宝宝喂养要点：适当增加食物的硬度

宝宝特点素描

◎ 身体发育：能稳坐较长的时间，能自由地爬到想去的地方，能扶着东西站得很稳，拇指和食指能协调地拿起小的东西，会招手、摆手等动作。

◎ 智力发育：能模仿大人说一些简单的词了，还能够理解常用词语的意思，并会做一些表示词义的动作。另外，宝宝开始喜欢和成人交往，当他不愉快时，会做出不满意的表情。

辅食添加任务

虽然宝宝的牙齿还没有几颗，但已经会用牙床咀嚼食物了，这一时期，让宝宝充分练习咀嚼尤其重要。此时，宝宝已经进入了断奶晚期，可以由以乳类为主渐渐过渡到乳类为辅的阶段。但宝宝应继续每日进行母乳喂养并吃 3 次主食和 1 次点心。

科学喂养计划

◎ 饮食要进一步规律化，辅食的地位要进一步增强，种类和数量要日益增多。

◎ 搭配食物种类要恰当，以保证宝宝的营养均衡。

◎ 在增加固体食物的同时，尤其需要注意食物的软硬度。水果可以稍硬一些，肉类、菜类、主食类则需要软一些。

◎ 宝宝在这一时期很喜欢用手拿东西吃，旁边应有成人看护。不要让宝宝在玩耍时吃东西。

10 月龄：一日喂养方案

时间		喂养方案
上午	7:00	母乳喂养或者喂约 200 毫升配方奶、肉馅包子 1 个。
	9:30	20 克饼干，适量鱼肝油，100 毫升新鲜果汁。
下午	12:00 ～ 12:30	青菜面条 30 克。
	15:00	母乳喂养或者喂约 220 毫升配方奶、新鲜水果 80 克。
	18:00	鱼肉菜（去刺）25 克，土豆泥 50 克。
夜间	21:00	喂 200 ～ 220 毫升配方奶。

虾泥萝卜

材料：70 克虾仁，150 克胡萝卜，1 个鸡蛋，75 克瘦肉，少许干贝。

调料：生抽，盐，鸡粉，水淀粉，生粉，食用油。

做法：

1. 鸡蛋打开取蛋清，装入碗中待用。洗净的胡萝卜切棋子段，用模具压出花型。
2. 洗净的瘦肉切碎待用。洗好的虾仁用牙签挑去虾线。取榨汁机，选绞肉刀座组合，杯中放入虾仁、瘦肉，拧紧刀座。将刀座放在榨汁机上，拧紧。选择“绞肉”功能，将虾仁和瘦肉绞成肉泥。
3. 把肉泥倒入碗中，加少许盐。倒入蛋清，顺一个方向快速搅拌至起浆。水发好的干贝装盘，压碎备用。
4. 锅中注入适量清水烧开，放少许盐，倒入胡萝卜。盖上盖，用小火煮 10 分钟至熟。揭盖，把煮好的胡萝卜捞出。装入盘中，再抹上少许生粉。在胡萝卜块上放上肉泥，抹上蛋清，放入干贝，装盘备用。把制作完成的虾泥萝卜放入烧开的蒸锅中。盖上盖，用大火蒸 3 分钟至熟。揭盖，把蒸好的虾泥萝卜取出。锅中注入适量食用油，烧热。往锅中倒入适量清水。加入适量生抽、盐、鸡粉，拌匀煮沸。再倒入适量水淀粉，搅拌匀调成稠汁。把稠汁淋在虾泥萝卜上即可。

什锦米粥

材料：大米、小米、燕麦各 20 克，海带、小白菜、西红柿丁、香油各适量。

做法：

1. 海带、小白菜洗干净煮熟切碎。
2. 大米、小米、燕麦加适量水煮成粥。
3. 加入海带、小白菜和西红柿丁，煮至西红柿熟后再加少量香油调味即可。

什锦猪肉菜末

材料：肥瘦猪肉 15 克，西红柿 20 克，胡萝卜 10 克。

做法：

1. 猪肉、西红柿（去皮）、胡萝卜都切成碎末。
2. 猪肉末、胡萝卜末、西红柿末一起放入锅内，加适量水煮。
3. 猪肉煮软时，再稍煮片刻，至锅内所有材料都软烂即可。

鸭肉米粉粥

材料：鸭胸脯肉、米粉各 50 克。

做法：

1. 鸭胸脯肉洗净剁碎，放入油锅中炒至熟烂。
2. 将米粉用清水调开后倒入锅内，加温水拌匀，煮沸后加入鸭肉末继续煮 5 分钟即可。

小白菜玉米粉粥

材料：小白菜、玉米粉各 50 克。

做法：

1. 小白菜洗净，放入沸水中汆烫，捞出后切成末。
2. 玉米粉用温水搅拌成浆，再加入小白菜末搅拌均匀。
3. 锅置火上，加适量水煮沸，把小白菜末和玉米粉浆下锅，大火煮沸即可。

好妈妈喂养经

玉米是对宝宝身体非常有益的粗粮，让宝宝从小就适当吃些粗粮，不仅有利于身体的健康协调发展，还可预防宝宝出现挑食、偏食等现象。

薏米百合粥

材料：薏米、银耳、百合、碎绿菜叶各适量。

做法：

1. 薏米提前泡 1 天至软，银耳、百合分别放入清水中浸泡 30 分钟。
2. 薏米加水煮至八成熟，加入泡好的银耳、百合，煮熟后加入碎绿菜叶，煮开即可。

好妈妈喂养经

◎薏米的营养价值很高，可当作粮食食用，味道和大米相似，且易于宝宝消化吸收，煮粥、做汤均可。

◎银耳富含维生素 D，有益于防止宝宝体内钙的流失，对其生长发育十分有益。另外，银耳还含有丰富的胶质，多种维生素、无机盐、氨基酸等。

圆白菜蛋泥汤

材料：圆白菜叶 1 片，煮鸡蛋 1 个（取蛋黄），清高汤 1/3 杯，水淀粉少许。

做法：

1. 圆白菜叶汆烫一下，切小块；用食物研磨器将熟蛋黄压成泥。
2. 将圆白菜叶和清高汤倒入锅里稍煮，用水淀粉勾芡，再将蛋黄泥放入汤中搅拌均匀即可。

蔬菜蛋羹

材料：西蓝花、菜花、西红柿、熟鸡蛋黄、清高汤、配方奶粉各适量。

做法：

1. 将西蓝花、菜花洗净煮熟切碎末，西红柿去皮、籽后切成小块。
2. 蛋黄、清高汤和配方奶粉搅拌均匀，放入西蓝花末、菜花末和西红柿块，盛入容器中，微波炉中加热 1 分钟，待蛋羹熟透，晾凉即可食用。

菠菜蛋花汤

材料：菠菜叶 100 克，鸡蛋 1 个，小米适量。

做法：

1. 菠菜去除黄叶，连根洗净，放入沸水中汆烫后再切数段，备用。
2. 将小米放入锅中，煮沸至米烂，打入蛋花，再下入菠菜段稍煮即可。

专题 5：喂养难题深度辅导

别把宝宝养成“小胖墩儿”

如果宝宝的体重平均每天增长超过 30 克，妈妈就要适当限制宝宝的食量。平时，妈妈可以多给宝宝吃蔬菜、水果，也可在吃饭前或喝奶前先喝些淡果汁。当然，对于食量大的宝宝，控制其饮食量是比较困难的，妈妈不妨从饮食结构上进行调整，让宝宝少吃主食，多吃蔬菜水果，多喝水，这是控制体重的好办法。但要保证宝宝蛋白质的摄入量，不能强行控制奶和蛋肉的摄入。只要能控制宝宝总热量的平衡摄入，同时保证营养成分的供给，宝宝就不会成为“小胖墩儿”了。

妈妈们别把时间都放在厨房里

这个月宝宝能吃多种蔬菜和肉蛋鱼虾，能和父母一起进餐。一日吃三餐，喝两次奶，不吃点心的宝宝多了起来。这就节省了很多时间，妈妈们可以多带宝宝到户外活动，多和宝宝做游戏。不要把时间全放在厨房里，不要占用和宝宝玩的时间。

培养宝宝独立“吃”的能力

有的妈妈怕宝宝不爱吃辅食，总是把饭菜做得很细烂，把菜剁得很碎，把水果弄成水果泥。其实，对于现阶段的宝宝来说，这种做法是很保守的喂养方法。父母不要主观认为宝宝“吃”的能力还不够，应该给宝宝机会，让宝宝试一试。因为宝宝的能力，有时是父母想象不出来的。爸爸妈妈切忌把宝宝培养成智力超群、生活能力低下的人，而应该放手给宝宝更多的信任和机会。例如，让宝宝自己拿勺子吃饭、自己抱着杯子喝奶等等。这样做不仅锻炼了宝宝的独立生活能力，还提高了宝宝吃饭的兴趣，有了兴趣就能刺激宝宝的食欲。

PART 7

11个月，颗粒大点也不怕

宝宝又多了几颗乳牙，
软米饭成了主食，
蔬菜水果是他的最爱，
丰富的纤维素让他成长更健康，
对了，他要断奶啦，
牛奶点心少不了，让他营养更全面！

11 个月宝宝喂养要点：主要食物逐步从母乳转换成辅食

宝宝特点素描

◎ 身体发育：身体基本发育完全，陆续长出 2 ～ 4 颗门牙；手指动作更精细，已经能自己扶着东西站起来，寻找可以玩的东西，还能单独站立片刻。

◎ 智力发育：记忆力大大增强，能记得 1 分钟前被藏到箱子里的玩具；对语言的理解能力也大幅提高，已能按妈妈的提示做事，并会说“不”；吃饭时想拿勺子拨弄食物；喜欢把东西从容器中拿出或放进。

辅食添加任务

这时的宝宝应该准备完全断奶了，可以和大人一起吃一日三餐。但宝宝平时吃的东西还是要弄得碎和小一点儿，味道清淡一点儿。

科学喂养计划

◎ 如果可以的话，应继续坚持母乳喂养，但逐步过渡到以谷类为主食。除了一日三餐可用辅食外，上午和下午最好给宝宝补充母乳或牛奶和点心，使宝宝的营养得到保证。

◎ 人工喂养的宝宝，此时可以适当减少奶粉的量，而用辅食来补充。

◎ 此时应增加辅食的量。因为宝宝已有了一定的消化能力，可以吃烂一点儿的饭类食物了。如果辅食一直以粥为主，可在吃粥前喂宝宝 2 ～ 3 匙软米饭，让宝宝逐渐适应硬一点的食物。

11 月龄：一日喂养方案

时间		喂养方案
上午	7:00	母乳喂养或喂约 220 毫升配方奶。
	9:30	鱼泥 20 克，大米稀饭 20 克，菜泥 20 克。
	11:00	果泥 20 克，鱼肝油适量。
下午	13:00 ～ 13:30	母乳喂养或喂约 220 毫升配方奶。
	15:00	新鲜果汁 100 毫升。
	17:00	肉馅包子 40 克。
夜间	20:30	喂 200 ～ 220 毫升配方奶。

彩蔬烩草菇

材料： 100 克草菇，85 克熟玉米粒，65 克彩椒。

调料： 盐，鸡粉，食用油。

做法：

1. 洗净的草菇切上十字花刀。洗好的彩椒切条形，改切成小块。
2. 锅中注入适量清水烧开，放入彩椒块。煮约半分钟至其断生，捞出彩椒，沥干水分，待用。沸水锅中倒入草菇，略煮一会儿，加入少许盐。拌匀，煮至熟透后捞出，待用。
3. 用油起锅，放入焯过水的彩椒块，炒匀。倒入备好的熟玉米粒，翻炒匀，注入少许清水用大火煮沸。加入少许盐、鸡粉，炒匀。倒入适量水淀粉炒至食材入味，关火待用。
4. 取一个盘子，放入焯熟的草菇，摆好。再盛入炒熟的材料即可。

好妈妈喂养经

◎草菇含有丰富的蛋白质，而脂肪含量却很低，既可鲜食，也可直接晒干或烘干制作成干菇食用，还可制作成罐头或盐渍食用。

◎草菇有清热解暑、补益气血的功效，用于暑热烦渴、体质虚弱、头晕乏力，现代医学认为其具有抗氧化、调节免疫等作用。

甜味芋头

材料：芋头 40 克，白糖 8 克。

做法：

1. 将芋头洗净切成小块煮熟。
2. 加入适量白糖即可。

好妈妈喂养经

芋头作为根茎食物，是主食中富含膳食纤维的食物。经常给宝宝食用有助于宝宝的肠蠕动，起到预防小儿便秘的功效。

鲑鱼肉粥

材料：大米粥 3/4 碗，鲑鱼肉 15 克，熟蛋黄 1/2 个，菠菜 1 棵。

做法：

1. 将菠菜叶洗净，汆烫后剁成泥状；鲑鱼肉洗净煮熟压碎成泥；蛋黄压碎。
2. 大米粥煮开后加入鲑鱼肉泥、蛋黄泥、菠菜泥拌匀，即可食用。

好妈妈喂养经

鲑鱼含丰富的 DHA，有助于宝宝的脑部发育；做菠菜泥时还要再挤一次水，可以有效去除其中的草酸。

虾仁挂面

材料：挂面 20 克，虾 1 只，胡萝卜、青菜各适量，酱油少许。

做法：

1. 虾去皮、虾线，取虾仁，切碎后炒熟。
2. 胡萝卜洗净切小丁，青菜洗净切碎末。
3. 将挂面煮熟切短，加入炒熟的虾仁、胡萝卜丁、青菜碎末，再加入酱油调味即可。

虾口味鲜美，富含多种维生素和无机盐，含钙、铁、碘等，并且富含优质蛋白质，是宝宝需要经常食用的营养美味。

玉米芋头泥

材料：芋头、嫩玉米粒各 50 克。

做法：

1. 将芋头去皮洗净，切块，加水煮熟；嫩玉米粒洗净，煮熟后放入搅拌器中搅拌成玉米蓉。
2. 将熟芋头块压成泥状，倒入玉米蓉拌匀即可食用。

好妈妈喂养经

◎玉米胚尖营养物质含量丰富，有增强人体新陈代谢、调节神经功能的作用，特别适合正处在生长发育期的宝宝食用。

◎芋头烹调时一定要烹熟，否则其中的黏液会刺激咽喉；剥洗芋头时，手部皮肤会发痒，在火上烤一烤就可缓解，所以剥洗芋头时最好戴上手套。

圆白菜蛋泥汤

材料：西红柿 1/5 个，西蓝花 1/2 个，鳕鱼肉 20 克，大米粥适量。

做法：

1. 西红柿去皮、籽，切成小块；西蓝花煮软切碎；鳕鱼煮熟去皮、刺，撕碎。
2. 将大米粥和其他材料放在碗中搅拌，在锅中加热 5 分钟即可。

红豆糖泥

材料：红豆 50 克，红糖适量。

做法：

1. 红豆洗净，放入锅内，加适量水烧开后改小火，煮烂成豆沙。
2. 炒锅放油烧热，加入红糖炒至融化，倒入豆沙，翻炒几下即可。
3. 翻炒豆沙时，注意要擦着锅底炒，一定用小火，以免炒焦。

鸡肉蛋汁面

材料：挂面、鸡肉末各 20 克，胡萝卜泥、菠菜末各 10 克，鸡蛋 1 个（打散），清高汤适量。

做法：

1. 把挂面折成短条，用清高汤煮熟。
2. 把鸡肉末、胡萝卜泥、菠菜末一起放入清高汤中，加入打散的鸡蛋液搅匀，小火煮至鸡蛋熟为止，放凉即可。

专题 6：喂养难题深度辅导

宝宝边吃边玩怎么办

从营养的角度来说，宝宝边吃边玩，会延长摄入食物的过程，还会影响到下一餐的摄入量。而且，宝宝的这种吃法也会影响消化能力。妈妈们可以采取一些相对应的办法，比如，在食物的做法上，多变些花样，别让宝宝天天吃一模一样的饭菜，以此让宝宝爱上吃饭。

爸爸妈妈也可以创造一个好的用餐环境，让宝宝有好的心情来就餐。但不管怎样，爸爸妈妈都不能训斥宝宝，以免对宝宝造成负面心理影响。

宝宝不爱喝水怎么办

宝宝摄取水分可直接从奶水中获得，也可从饮食中获得。妈妈们应该从小培养宝宝喝白开水的好习惯，如果宝宝一时不接受白开水，可以试试这些办法：

◎ 可在白开水中稍添加一点儿水果汁。

◎ 用水果或蔬菜煮成果水或菜水，但不必添加其他东西，维持原味较好。

◎ 在水中加入一些口感好的补钙冲剂。

◎ 多给宝宝吃一些汁水多的水果，如西瓜、梨、橘子、苹果等。

◎ 每顿饭都为宝宝制作一份可口的汤水，一样可以补充水分，而且还富含营养。

宝宝为什么光吃不“长肉”

宝宝光吃不“长肉”，妈妈也不必过于担心，因为宝宝的生长发育是有一定规律的，宝宝的体重与身高增长密切相关，出生早期身高增长快，体重增长也较快，以后则会逐渐减慢。所以，单纯的体重偏轻或偏重都不能说明宝宝的身体健康出现了问题。

当然，有些宝宝确实是因为生病后影响到了生长发育，所以妈妈要及时给宝宝增加营养，合理调配营养是宝宝生长发育的物质基础。妈妈们要科学地处理好荤素搭配、粗细粮搭配、动植物蛋白搭配，注意合理地使用油脂和糖类，帮宝宝建立一个均衡的膳食结构。坚持良好的饮食习惯，宝宝不“长肉”的问题就会迎刃而解。

PART 8

12 个月，一日三餐要守时

宝宝 1 周岁了！
从流质到糊状到泥状，
再到现在和爸爸妈妈一起一日三餐，
宝宝的主食从乳类已经变为谷物类。
不挑食，不偏食，宝宝成长更健康！

12 个月宝宝喂养要点：开始“一日三餐”的生活

宝宝特点素描

◎ 身体发育：身高会继续增加，但成长速度明显放慢，给人的感觉是长个了，身体瘦了一些；自己站稳能独走几步；站时还能弯下腰去捡东西；喜欢将东西摆好后再推倒。

◎ 智力发育：开始对小朋友感兴趣，愿意与小朋友接近和玩游戏；自我意识增强了，对亲人特别是对妈妈的依恋也增强了。

辅食添加任务

宝宝已经满周岁了，此时，经过大半年的辅食喂养过程，有些宝宝可能已经断母乳了，爸爸妈妈要逐渐让宝宝养成以一日三餐为主的进餐习惯，早、晚以牛奶作为补充。对于有条件继续进行母乳喂养的宝宝，还是鼓励继续母乳喂养。目前中国营养学会建议可以持续母乳喂养至宝宝 2 岁。

科学喂养计划

◎ 在日常饮食中，要为宝宝提供适量的水果、蔬菜和肉类。宝宝已经可以用牙床咀嚼东西了。

◎ 这个阶段的宝宝什么都喜欢往嘴里放，所以一定要注意宝宝周围东西的卫生与安全。

◎ 已经断母乳的宝宝建议使用适合宝宝年龄段的配方奶粉喂养至 2 岁。满 2 岁的宝宝可以选择继续使用配方奶粉或使用全脂鲜奶。

◎ 在宝宝的饮食方面，菜肴要做得细、软、清淡一些。

12 月龄：一日喂养方案

时间		喂养方案
上午	6:00	喂约 100 毫升配方奶、20 克麦片。
	9:30	饼干 20 克，配方奶约 100 毫升，鱼肝油适量。
下午	12:00 ～ 12:30	炒菜 100 克，面食、菜汤各适量。
	15:30	肉馅面食适量，新鲜水果 100 克。
	18:00	鸡蛋面 150 克。
夜间	21:00	喂约 220 毫升配方奶。

口蘑蒸牛肉

材料：125 克卤牛肉，55 克口蘑，40 克苹果，30 克胡萝卜，25 克西红柿，15 克洋葱。

调料：番茄酱，食用油。

做法：

1. 洗净的口蘑切片，再切条形，改切成丁。卤牛肉切开，再切条形，改切成丁。洗好的西红柿切成条形，改切成粒状。洗净的胡萝卜切片，再切细条，改切成小丁块。洗好的洋葱切成条形，改切成碎丁。洗净的苹果去皮、核，把果肉切成条形，再切成小块。
2. 煎锅置于火上，注入少许食用油烧热。倒入切好的洋葱、西红柿、胡萝卜、苹果，翻炒均匀。放入适量番茄酱炒匀炒香。注入适量清水用大火煮沸即成酱料。关火后盛出酱料，待用。
3. 取一蒸盘放入口蘑、牛肉，铺好待用。蒸锅上火烧开，用中火蒸约 30 分钟至食材熟透。
4. 揭开盖，取出蒸好的食材，浇上酱料即可。

好妈妈喂养经

口蘑热量较低，所以在食量和吃法上都比较自由，可以和很多食物一起混合烹饪，能增加鲜美，口感风味甚佳。

鱼泥小馄饨

材料：鱼泥 50 克，小馄饨皮 6 张，韭菜末、香菜末各适量，清高汤少许。

做法：

1. 先将鱼泥和韭菜末做成馄饨馅，包入小馄饨皮中，做成馄饨生坯。
2. 然后锅内加水，煮沸后放入馄饨生坯，再次煮沸后倒入少许清高汤再煮一会儿，至馄饨浮起时，撒上香菜末即可。

母鸡粥

材料：大米 120 克，母鸡肉 50 克。

做法：

1. 将母鸡肉清洗干净后，去皮放入锅内，加适量水一同煮至熟烂。
2. 将大米放入锅内，与①中的材料一同煮粥即可。

白菜丝面条

材料：面条 40 克，小白菜叶 30 克，清高汤适量。

做法：

1. 小白菜叶洗净切丝。
2. 面条放进锅里，加适量清高汤，煮沸后转小火续煮。
3. 加入白菜丝煮熟即可。

奶香油菜烩鲜蘑

材料: 油菜100克，鲜蘑菇50克，白菜叶、配方奶粉、香油各适量。

做法:

1. 白菜叶洗净，切丝，汆烫；油菜洗净，汆烫至熟，切成小段，与白菜叶丝拌匀。
2. 蘑菇洗净切碎，放在炒锅内熬成蘑菇汤。
3. 将蘑菇汤与配方奶粉、香油混匀。
4. 取一锅置火上，加植物油烧热后，下入白菜叶丝、油菜段和蘑菇汤，边搅拌边煮5分钟至熟。

好妈妈喂养经

此道菜不但为宝宝补充了蔬菜中的营养物质，如维生素C、膳食纤维等；还为宝宝补充了牛奶中的优质蛋白和钙质。

果仁黑芝麻糊

材料: 核桃仁、花生仁、腰果、黑芝麻、麦片各50克，白糖少许。

做法:

1. 先将核桃仁、花生仁炒熟，研碎；腰果泡2小时后，切碎；黑芝麻炒熟，研碎。
2. 再将麦片加适量清水，放在锅中用大火煮沸，放入核桃仁末、花生仁末、腰果末转小火煮5分钟。
3. 最后放入黑芝麻末搅拌均匀，加白糖调味即可。

好妈妈喂养经

核桃仁中的多种不饱和脂肪酸是神经系统发育的必要基础，对大脑组织具有良好的作用，所以常给宝宝吃核桃仁能促进智力发育。

鸡丝油菜面片

材料：鸡肉50克，面片60克，嫩油菜、鸡汤各适量。

做法：

1. 先将鸡肉洗净，切成薄片；嫩油菜洗净，切碎末。
2. 锅置火上，加适量鸡汤煮沸，下入鸡肉片煮熟。
3. 鸡肉片煮熟后撕成丝，再放回锅里，煮沸后下入面片和油菜末，煮5分钟至熟烂即可。

好妈妈喂养经

面片需尽可能做得薄些，鸡丝也不能太粗，这样宝宝才可顺利食用。

黑芝麻枸杞粥

材料：大米100克，熟黑芝麻、枸杞子各少许，配方奶粉2大匙，白糖适量。

做法：

1. 大米淘洗干净，加适量清水浸泡30分钟。
2. 将泡好的大米放入锅内，加入适量水，大火煮沸，转小火煮至米粒软烂黏稠。
3. 加入配方奶粉，用中火烧沸，再加入适量白糖搅匀，撒上熟黑芝麻，加枸杞子即可。

好妈妈喂养经

黑芝麻和奶粉搭配，可促进宝宝骨骼发育和牙齿生长。此外，这道粥还有补铁补血、润肠通便的作用，对有贫血、便秘症状的宝宝有益。

专题7：喂养难题深度辅导

为什么总觉得宝宝吃不饱

妈妈们一定要在宝宝小时候就培养他养成良好的进食习惯，这其中也包括养成只在饥饿时进食的习惯。很多大人就是因为有不良的饮食习惯，如吃饭时间不固定，或是感到无聊了就吃东西，才成为肥胖症患者的。所以，宝宝不饿的时候，妈妈一定不要强迫他吃东西。如果妈妈也不知道宝宝到底是不是吃饱了，不妨一次多准备几样食物让他挑。如果宝宝只是吃一口就不再吃了，说明他已经饱了，无须再喂，更不要强迫他吃。

宝宝只爱吃肉不爱吃蔬菜怎么办

肉类的营养价值高，是宝宝生长发育所必需的食物，但如果宝宝只爱吃肉而不吃蔬菜的话，就可能会出现一些营养上的问题。要纠正宝宝只爱吃肉的习惯，可以试试下列方法：

◎ 少用大块肉，尽量将肉与蔬菜混合。

◎ 利用肉类的香味来改善蔬菜的味道，可提高宝宝对蔬菜的接受度。

◎ 尽量选购低脂肉类。在烹调时，可采用水煮、烤、卤、蒸等用油少的方式，以减少热量，预防宝宝肥胖。

◎ 尽量改善蔬菜的烹调及调味方法，把蔬菜做得好吃些。

周岁宝宝怎样吃水果

水果中含有丰富的维生素，多吃水果对宝宝成长发育非常有好处。对于已满周岁的宝宝，一般可以直接把水果削皮后给他吃，这样口感会更好些。另外，宝宝吃什么水果也没有特别的限制，只要是应季的新鲜水果就可以。但要注意的是，很多水果都有籽，如葡萄、桂圆等，给宝宝吃的时候，要剔除里面的籽，避免卡到喉咙或吞下影响消化。还有一些比较硬的水果，如苹果、梨等，要切成片后再给宝宝吃。

PART 9

1—1.5 岁，能吃整个鸡蛋

宝宝能吃的食材更多，
跟爸爸妈妈差不多啦！
只是，宝宝还是要以清淡为主，
辅食的营养调配更加重要。
对了，宝宝现在可以吃很多水果，
营养更加丰富，成长更加健康！

1—1.5岁宝宝喂养要点：基本可以吃“大人饭”了

宝宝特点素描

◎身体发育：宝宝生长发育的速度比之前明显减慢，饮食量也有所减少；大约有3/4的宝宝能够独立行走了，快到18个月的时候，基本上都可以走了；已经能用手和膝配合着攀登楼梯，再慢慢地倒着爬下来；动手能力也提高了，可以自己动手摆积木、玩汽车了。

◎智力发育：这一时期的宝宝希望能被理解，可以用手势表达自己的意思；会称呼爸爸妈妈之外的亲人，听名称能够指出身体上的五官；语言已可以让人听懂；记忆力和想象力也有所发展。1岁以后是宝宝语言能力飞速发育的阶段，家长要抓住时机来促进宝宝的语言发育。

宝宝周岁后的营养需求

1岁以后的宝宝虽然生长发育速度减慢了，但每年仍可增加2～3千克体重。因此，其营养素的需要量仍然较高，在饮食结构上，也应该由以奶为主逐渐过渡到以粮食、奶、蔬菜、鱼、肉、蛋为主的混合饮食了。但要注意，断母乳绝不意味着断奶，宝宝还应该每天喝足够量的配方奶或牛奶，且一直持续到成年。

另外，宝宝的咀嚼能力还不够发达，所以妈妈们每天应该单独为宝宝加工、烹调食物，食物加工要细，体积不宜过大，要少用油炸的烹调方式，以防脂肪过多，食物过硬。

还有一点很重要：宝宝1岁后可以吃很多水果了，但要注意去皮很重要，尤其是在喂食葡萄、樱桃等又小又圆的水果时更需清洗干净，同时应避免宝宝发生呛噎和窒息。给宝宝喂食当季的水果，宝宝能充分吸收其中的营养物质，有助于减少过敏症的发生。

喂养小提示：添加鱼油很重要

这一阶段的宝宝正处于智力发育的关键时期，许多家长会给宝宝添加鱼油，这是因为鱼油中含有特殊的脂肪酸，能促进宝宝的神经系统发育。其实，这时的宝宝可摄入很多自然食物了，家长应该多给宝宝喂食一些深海鱼（如三文鱼、马哈鱼、鲑鱼等），这些鱼中都富含益智因子。

良好的饮食习惯让宝宝受益一生

宝宝1岁多时正是对外界事物充满好奇的时候。这个时候，家长应该适当地教宝宝基本的生存能力，尤其要注意培养宝宝良好的饮食习惯和生活习惯，拥有好的习惯可以让宝宝受益一生。

◎训练宝宝用勺子吃饭：例如，在小勺子里放一小块香蕉，送到宝宝的嘴里。再让宝宝用手拿把小勺，小勺里也放一小块香蕉，指导宝宝用小勺把香蕉喂到自己口中。经过反复练习，宝宝很快就会用小勺自己吃饭了。

◎训练宝宝用杯子喝水：给宝宝准备一个大小适宜、不易摔碎的塑料杯。开始练习时，在杯子里倒少量的水，让宝宝两手端着杯子，妈妈帮他往嘴里送，要注意让宝宝一口一口慢慢地喝，喝完后再添水。不要一次给宝宝杯里倒过多的水，以免宝宝呛着，反复地练习，宝宝就会掌握喝水方法。

◎坚持早晚漱口：为了保护好宝宝的乳牙，从1岁起就应开始训练宝宝早晚漱口，并逐渐让宝宝养成这个习惯。宝宝不可能马上学会漱口的动作，所以刚开始最好用温（凉）开水。家长先为宝宝做示范，把一口水含在嘴里做漱口动作，而后吐出，反复几次，宝宝如果能理解家长的意思很快就会学会。但是家长不要让宝宝仰着头漱口，以免造成呛咳，发生意外。

1—1.5岁：一日饮食量推荐

时间		喂养方案
食量大的宝宝	8:30	1小杯温开水（约100毫升）。
	9:00	面包2片、牛奶1杯（约250毫升）、奶酪2片、小苹果1个。
	12:00	米饭2小碗、鸡蛋1个、香肠1/2根、蔬菜适量。
	15:00	饼干3～5片、牛奶200毫升。
	18:00	米饭2小碗、鱼肉、猪瘦肉或蔬菜适量。
	21:00	牛奶200毫升。
食量小的宝宝	8:00	1小杯温开水（约100毫升）。
	8:30	牛奶180毫升。
	10:00	蛋糕适量。
	12:00	米饭1/2小碗，香肠、鸡蛋各适量。
	15:30	牛奶180毫升。
	18:00	米饭1/2小碗，鸡蛋、鱼肉或西红柿各适量。
	21:00	牛奶180毫升。

玉米面糊

材料： 70 克玉米粉，100 毫升牛奶。

调料： 蜂蜜适量。

做法：

1. 玉米粉装入碗中，加入少许清水调成糊状备用。
2. 锅中注入适量清水烧开，倒入玉米糊，快速搅拌均匀。
3. 用小火略煮，倒入适量蜂蜜，搅拌均匀，煮一会儿至熟。
4. 关火后盛出煮好的玉米糊，装入碗中，待稍微放凉后即可食用。

好妈妈喂养经

◎玉米性平、味甘淡，一般人均可食用，有益肺宁心、健脾开胃、健脑的功效。

◎玉米面含有丰富的营养，甜玉米蛋白质、赖氨酸、维生素含量也较高，糯玉米所含淀粉易于消化吸收，磨成粉可制作多种食品。

什锦猪肉菜末

材料：猪肉 20 克，胡萝卜末、西红柿丁各 8 克，肉汤 100 克，盐少许。

做法：

1. 猪肉洗净，切末。
2. 锅中加肉汤，放入猪肉末、胡萝卜末煮至熟烂，放入西红柿丁略煮，加盐调味即可。

彩色水果沙拉

材料：橘子 50 克，苹果 100 克，葡萄 200 克，酸奶酪、白糖各少许。

做法：

1. 橘子去皮、核，切丁；苹果去皮、核，切丁；葡萄去皮、籽，备用。
2. 将橘子丁、苹果丁、葡萄放入碗内，加入酸奶酪、白糖拌匀即可。

鸡胸肉拌南瓜

材料：南瓜 15 克，鸡胸肉 20 克，酸奶酪、番茄酱各少许。

做法：

1. 鸡胸肉洗净，放入沸水中加盐煮熟，捞出后撕成细丝。
2. 南瓜去皮、籽，切丁，隔水蒸熟后取出。
3. 鸡胸肉丝和南瓜丁放入碗中，加入酸奶酪、番茄酱拌匀即可。

鸡汤肉饺

材料：小饺子皮 6 张，肉末 30 克，白菜 50 克，香菜叶、鸡汤各少许。

做法：

1. 将白菜和香菜叶洗净切碎，与肉末搅拌均匀，做成饺子馅。
2. 用饺子皮将馅包好。
3. 锅内加水和鸡汤，大火煮沸后放入饺子，盖上锅盖，煮熟即可食用。

好妈妈喂养经

白菜肉馅的饺子味道好，易消化，既为宝宝提供了优质蛋白，也为宝宝提供了维生素 C、膳食纤维等营养物质，很适合宝宝食用。

肉蛋豆腐粥

材料：大米 70 克，猪瘦肉 25 克，豆腐 15 克，鸡蛋 1 个，盐少许。

做法：

1. 猪瘦肉剁泥；豆腐研碎末；鸡蛋去壳，取一半蛋液搅散。
2. 大米洗净，加适量清水，小火煨粥，至八成熟时放入肉泥续煮。
3. 将豆腐末、鸡蛋液倒入肉粥中，大火煮至蛋熟，调入少许盐调味即可。

好妈妈喂养经

猪肉含有丰富的优质蛋白质和脂肪，有助于补充宝宝生长发育所需的营养，而且非常美味，宝宝也爱吃。

专题 8：喂养难题深度辅导

周岁宝宝能吃坚硬的食物吗

宝宝进入周岁后，身体已经发育得比较健全了，有一定的咀嚼和消化能力，能适当接受碎块状食物，所以这时可以适当给宝宝喂食一些较硬的食物了。这样做有助于宝宝的生长发育及补充营养，还能锻炼宝宝吃更丰富的食物。当然，宝宝的牙齿还没有长齐，对于有些较硬的食物，如面包干、馒头片、甘薯片等，还不适合宝宝食用。但是，千万不要因此低估了宝宝的咀嚼能力，而且，宝宝是很聪明的，如果他觉得咀嚼食物有困难的话，就会自动吐出来。另外，对于这些较硬的食物，应该在两餐中间给宝宝吃，正好可以让宝宝磨磨牙床，增强咀嚼能力，也能给宝宝一点儿尝试的乐趣，还可以作为宝宝的饮食补充。

周岁以上的宝宝可以吃补品吗

一般情况下服用补品，都是因为体虚。而婴幼儿的各种器官功能都相当薄弱，脏器发育也尚未成熟，而且，每个宝宝的生长发育都有自身的规律，不能随意改变，因而不能随意服用补品。另外，因为宝宝的脾胃还比较薄弱，如果补品中含有熟地黄、龟板、鳖甲、首乌等中药成分，服用后可能会导致宝宝出现上腹胀闷、食欲减退、腹泻或便秘等消化道问题。

宝宝可以吃冷饮吗

很多宝宝爱吃冷饮。对于宝宝来说，冷饮是可以吃的，它可以为宝宝带来生活乐趣。但绝大多数的冷饮均为甜品，所以不宜多吃，以免造成超重或肥胖；有些宝宝吃太多的含糖高的冷饮，还会影响正餐的摄入，造成营养不足；另外，冷饮温度低，吃太多可能会影响宝宝胃肠道功能。所以给宝宝吃冷饮一定要控制好量，适可而止。

喂养小提示：宝宝一天可以吃多少坚果

坚果营养丰富，但大多含较高的油脂和蛋白质，对于宝宝来说，不是很容易消化。所以，给宝宝吃坚果类食物时要注意控制量，不能一下子喂太多。我国目前并未对 3 岁以下宝宝吃坚果的量进行具体地建议。总的来说，1~3 岁宝宝每天吃坚果 10~15 克即可。

PART 10

1.5—2 岁，断奶喇

宝宝真正断奶啦！
宝宝还能自己吃饭了！
一天三顿辅食，上午下午各有一顿点心，
宝宝养成良好的进食习惯，
宝妈宝爸更省心了！

1.5—2 岁宝宝喂养要点：培养宝宝独立进餐的能力

宝宝特点素描

◎身体发育：活动增加，牙齿长得很快，醒着的时间逐渐增长，睡眠的次数相应减少，生活能力明显增强了。动作有了较大的发展，可以从平衡行走到倒退着走，踢着球走和跨越障碍走等；手的大肌肉动作有很大发展，能投掷物品，会翻书；精细动作也有所发展，握笔较稳，能模仿大人画出线条、圆圈等图形。

◎智力发育：能玩一些简单的拼插玩具，搭积木的技巧更上一层楼；能记忆形象的事物，但不善于记忆抽象的事物；词汇量迅速增加，在语言发声上，进入了双词句阶段，如喝水，喂猫等；能按照大人的吩咐办事；交往的主动性进一步提高，会向父母表达感情，还会同情受伤、悲伤的伙伴，向同伴表示关心等；喜欢跟比自己年龄稍大的孩子玩，表现出一种强烈的“想要长大”的愿望。

培养宝宝独立吃饭的能力

一般情况下，发育正常的宝宝在两岁左右都可以学会吃饭了，这是他们应该具备的生存能力。和走路、玩玩具一样，自己吃饭也是求知欲和好奇心的表现。正是这种求知欲和好奇心扩展了宝宝的认知范围，培养了他们的独立能力。所以，从现阶段开始，妈妈们就要有意识地培养宝宝独立吃饭的能力了。有的妈妈认为，让宝宝自己吃饭是件天大的难事，其实，只要掌握诀窍，宝宝自己独立吃饭的问题就会迎刃而解。

◎允许宝宝手抓食物。也许妈妈们还记得，宝宝在很小的时候，就想自己用手抓起食物来吃了。现阶段的宝宝仍然“恶习不改”，妈妈们千万不要觉得烦，应该放手让宝宝用手抓着吃。先让宝宝抓面包片、磨牙饼干；再把水果块、煮熟的蔬菜等放在他面前，让他抓着吃，以此培养宝宝对食物的兴趣。

◎把勺子交给宝宝。这一阶段，妈妈们可能都会头痛的问题，就是宝宝总是要抢勺子。妈妈们这时千万不要失去耐心，甚至对宝宝大吼大叫，否则宝宝学习吃饭的热情就会被扼杀。妈妈们应该耐心、容忍，可以给宝宝用较重的不易掀翻的盘子，当宝宝吃累了，用勺子在盘子里乱扒拉时，再把盘子拿开。

◎允许宝宝“胡吃海喝”。宝宝自己吃饭，对于他来说，还是人生中的头一遭，所以开始时难免会吃得一塌糊涂。这时家长的态度非常关键，千万不能急躁甚至训斥宝宝，相反，应当鼓励他才对。爸爸妈妈要知道，这是宝宝走向独立的第一步，是他进步的开始。如果确实担心宝宝把饭吃得到处都是，可以在宝宝的位置下铺几张报纸，这样宝宝“表演完毕”，妈妈们只需简单收拾一下就可以了。

◎宝宝能自己吃了，就不要再喂他。宝宝能独立地自己吃了，有时他也会想要妈妈喂。妈妈一定要坚持让宝宝自己吃，否则可能会前功尽弃。妈妈可以简单地喂他几口，然后漫不经心地表示他已经吃饱了。这样，他如果想吃的话，就会自己吃。

◎别强迫宝宝多吃。宝宝如果觉得饿了，自己会要求吃东西。妈妈们不要强迫宝宝吃饭，否则会破坏他的胃口，发生厌食。

良好的饮食习惯让宝宝受益一生

教养是指一般文化和品德的修养，一个人教养如何与家教、生活环境有很大关系。而在宝宝学吃饭的问题上，就是妈妈培养宝宝进餐教养的好时机。

在宝宝断奶后，妈妈们可以随着其发育状态的变化来培养进餐的方法，并开始让宝宝在不知不觉中学会餐桌上的礼仪等。比如，当宝宝开始进餐时，妈妈可以说“宝宝开饭了”；在进餐前后，妈妈要帮宝宝擦净双手和小脸；用餐完毕时，妈妈告诉宝宝“宝宝吃饱了”等等，这些都是培养宝宝进餐教养的好办法。如果宝宝吃饭时边吃边玩，妈妈一定要阻止。

1.5—2岁：一日饮食量推荐

时间		喂养方案
上午	8:00	喝一小杯温开水（约100毫升）。
	8:30	酸奶1杯、面包1片或面条1小碗。
	10:00	酸奶150毫升、小点心1块。
下午	13:00～13:30	米饭1/2碗、鱼（接近成人量）或鸡蛋1个、蔬菜适量。
	15:30	香蕉或苹果100克、煮鸡蛋1个、配方奶120毫升。
	18:00	米饭1/3碗，鱼（接近成人量）或猪肉、牛肉（成人量的1/3）、蔬菜适量。
夜间	21:00	牛奶200毫升。

鸡肉彩椒盅

材料： 60 克红彩椒，45 克黄彩椒，40 克圆椒，95 克鸡脯肉片，少许蒜末。

调料： 盐，食用油。

做法：

1. 洗净的黄彩椒、圆椒切开，去籽，切成条，切粒。
2. 将洗净的红彩椒底部修平，从顶部的四分之一处平切开。将籽去除，制成彩椒盅。
3. 用油起锅，倒入蒜末、鸡脯肉片，炒香。放入黄彩椒、圆椒。加入盐，翻炒调味。
4. 将炒好的馅料装入彩椒盅中即可。

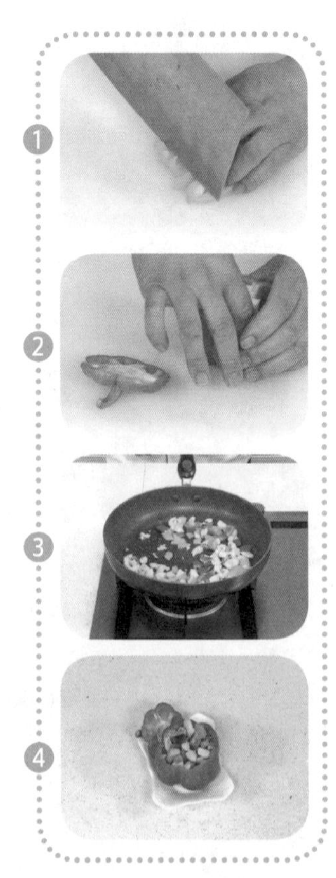

好妈妈喂养经

彩椒口感脆爽清甜，含有较多的维生素 C 和胡萝卜素，颜色漂亮，可以增加菜肴的美感。彩椒属于杂交品种，非转基因，妈妈可以放心为宝宝选用。

胡萝卜豆腐泥

材料：胡萝卜 1 根，嫩豆腐 50 克，鸡蛋 1 个。

做法：

① 将胡萝卜洗净，去皮，切小丁，放锅内煮熟后取出备用。

② 鸡蛋敲破，取半个蛋黄，搅拌成蛋黄液，备用。

③ 锅内倒入清水和胡萝卜丁，将嫩豆腐捣碎后倒入煮 5 分钟左右。

④ 待汤汁变少时，将蛋黄液加入锅里煮熟，开锅熄火，晾凉即可食用。

好妈妈喂养经

胡萝卜中含有大量的胡萝卜素，胡萝卜素不仅可以增强免疫力，而且对宝宝的眼睛也有好处。

糯米面甘薯饼

材料：甘薯 1 小块，糯米面 50 克，葱、盐各适量。

做法：

① 甘薯蒸熟、剥皮后捣成泥。

② 将糯米面与甘薯混合，加入适量温水拌匀，以甘薯保持软黏为度。

③ 葱切碎后与适量盐一起放入②的材料中，用双手揉搓成小圆饼。

④ 平底锅放油烧温热，放入小圆饼，煎至略呈黄色即可摆盘。

好妈妈喂养经

此款配餐营养丰富且适合宝宝当作小零食，但最好不要让宝宝吃太多，以免造成宝宝肥胖。

蔬菜鲑鱼沙拉

材料： 鲑鱼肉 15 克，圆白菜 1/6 片，白萝卜、橘子各 1/4 个，沙拉酱少许。

做法：

1. 圆白菜、白萝卜分别洗净，切丁煮软；橘子剥去薄膜，一半捣碎，一半切小丁。
2. 鲑鱼肉洗净，煮熟后剁碎，将全部材料（橘子丁外除）用沙拉酱拌匀。
3. 装盘时加入橘子丁做装饰即可。

好妈妈喂养经

圆白菜营养丰富，含 B 族维生素，能预防宝宝口腔溃疡。

豆腐肉糕

材料： 猪肉 200 克，豆腐 100 克，葱末适量，香油、酱油、盐、干淀粉各少许。

做法：

1. 将猪肉洗净，剁碎，用酱油、盐、适量干淀粉搅拌成肉馅。
2. 豆腐用沸水汆烫沥水后切碎，加入肉馅、剩余干淀粉、盐、香油、葱末和少量水，搅拌成泥状。
3. 将猪肉豆腐泥一起盛在小碗内，放入蒸锅中，蒸 15 分钟至熟即可。

好妈妈喂养经

豆腐含有丰富的铁、锌、钙等营养物质，有利于宝宝消化吸收，所以这款配餐适合 19 ~ 24 个月的宝宝食用。

黄豆芽炒韭菜

材料：黄豆芽 150 克，韭菜 100 克，虾米 50 克，蒜、姜丝、沙茶酱、盐各适量。

做法：

1. 黄豆芽洗净；韭菜洗净，切小段；蒜拍碎；虾米泡发。
2. 油锅烧热，将蒜、姜丝爆香后加黄豆芽和韭菜大火快炒，再放虾米拌炒，最后加沙茶酱和盐调味，炒至汤汁收干即可。

清炒莴笋丝

材料：莴笋 200 克，盐、花椒粒、鸡精各适量。

做法：

1. 莴笋去皮、叶，洗净后切成丝。
2. 锅中热油，放入花椒粒炸香，再倒入莴笋丝，翻炒片刻后加盐和鸡精快炒几下即可出锅。

西红柿汁虾球

材料：虾仁 200 克，西红柿末、黄瓜丁、盐、葱花、姜末、干淀粉各适量。

做法：

1. 将虾仁剁碎末，加入干淀粉、盐，拌匀制成虾球，然后汆烫至熟。
2. 将西红柿末、葱花、姜末入锅烹出红汁，加入少量水后制成西红柿汁。
3. 放入虾球、黄瓜丁即可。

鱼肉蔬菜馄饨

材料： 黄鱼肉末、韭黄末、胡萝卜末、荸荠末各100克，馄饨皮、姜末、高汤各适量，香油、盐各少许。

做法：

1. 各种蔬菜末装入同一碗中，加适量香油、姜末、盐拌匀，加入黄鱼肉末做成馅料。
2. 馄饨皮包入适量馅料，包成馄饨，放入高汤中煮熟即可。

鲢鱼片煮豆腐

材料： 鲢鱼片、豆腐各100克，葱末1小匙，红椒丝、香菜末、盐各少许。

做法：

1. 豆腐块放入加有少许盐的沸水中氽烫。
2. 油锅烧热，下葱末爆香，放鲢鱼片煸炒，加水和豆腐块，大火煮沸，转小火焖煮，再加少许盐调味，撒上红椒丝和香菜末即可。

甘薯小泥丸

材料： 甘薯200克，黄油20克，牛奶1大勺。

做法：

1. 甘薯煮熟、去皮后碾成泥。
2. 锅置火上，放入甘薯泥、黄油，待黄油受热融化后加入牛奶搅拌均匀。
3. 将甘薯泥放入保鲜膜内捏成丸子，拆下保鲜膜，将丸子排在盘中即可。

专题 9：喂养难题深度辅导

宝宝不爱吃米饭怎么办

米饭是我们中国人最常见的主食之一。米饭的主要成分是碳水化合物，此外还含有一些植物蛋白以及少量维生素和矿物质等营养物质。与米饭营养相似的食物很多，最接近的就是白面，此外还有各种其他谷类，如玉米、小米等。宝宝不爱吃米饭，可以先用其他谷类食物替代，不会造成宝宝营养缺乏。但还是建议在宝宝逐渐长大的过程中，让宝宝慢慢接受米饭，要养成不挑食、不偏食的良好饮食习惯。

宝宝误吞了口香糖怎么办

由于口香糖含有一定的胶质，大人都怕宝宝吞下之后，会黏住肠胃而导致危险，但事实上完全没有必要担心。口香糖在消化道不能被分解，但可以完整地被排出，不存在滞留在胃肠道的风险。当然，这样说并非是指宝宝可以常吃口香糖，由于宝宝过小，没有保持卫生的意识，往往会将口香糖随地乱扔，捡起来再吃，这对于宝宝的健康同样不利。

宝宝能吃巧克力吗

1 岁以上的宝宝是可以尝试一点儿巧克力的。但巧克力不属于日常食物，只能作为零食少量食用。巧克力可以分为两种：牛奶巧克力和黑巧克力。前者含糖量高，应作为甜食给宝宝选用，其限制也应与甜食一样；而黑巧克力糖分含量低，但味道苦，且可可碱含量较高，很多宝宝不喜欢其味道，食用后也可能会引起宝宝神经系统兴奋，导致宝宝难以入眠、哭闹不安。而且两种巧克力能量都比较高，且营养单一，蛋白质、维生素、矿物质等含量均不高，吃太多会影响宝宝摄入正常饮食。所以给宝宝吃巧克力一定要控制好量，不宜过多。

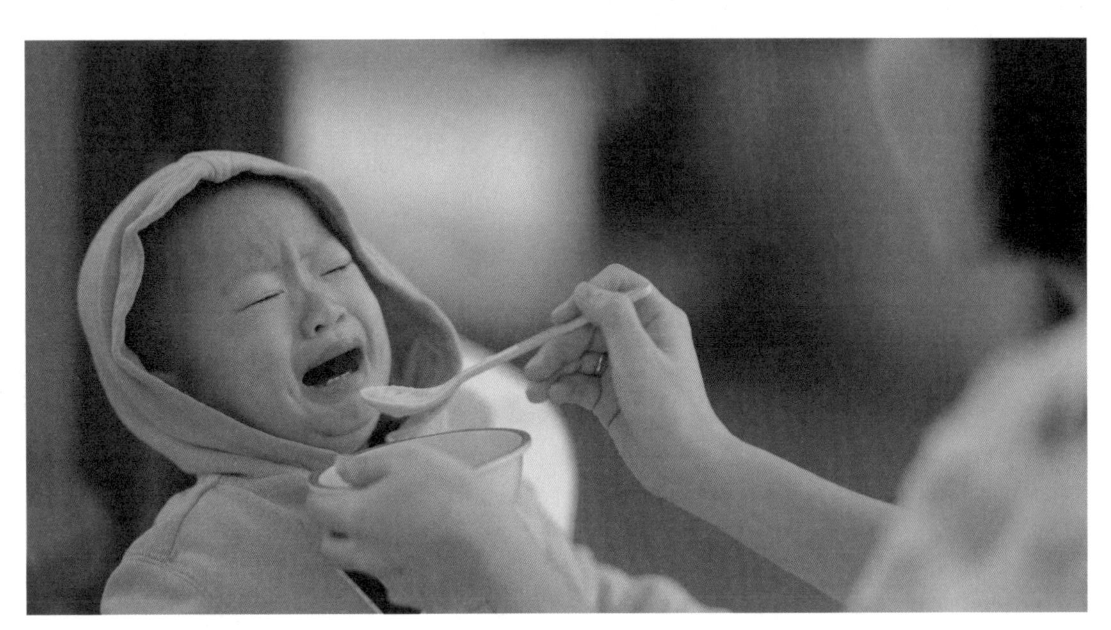

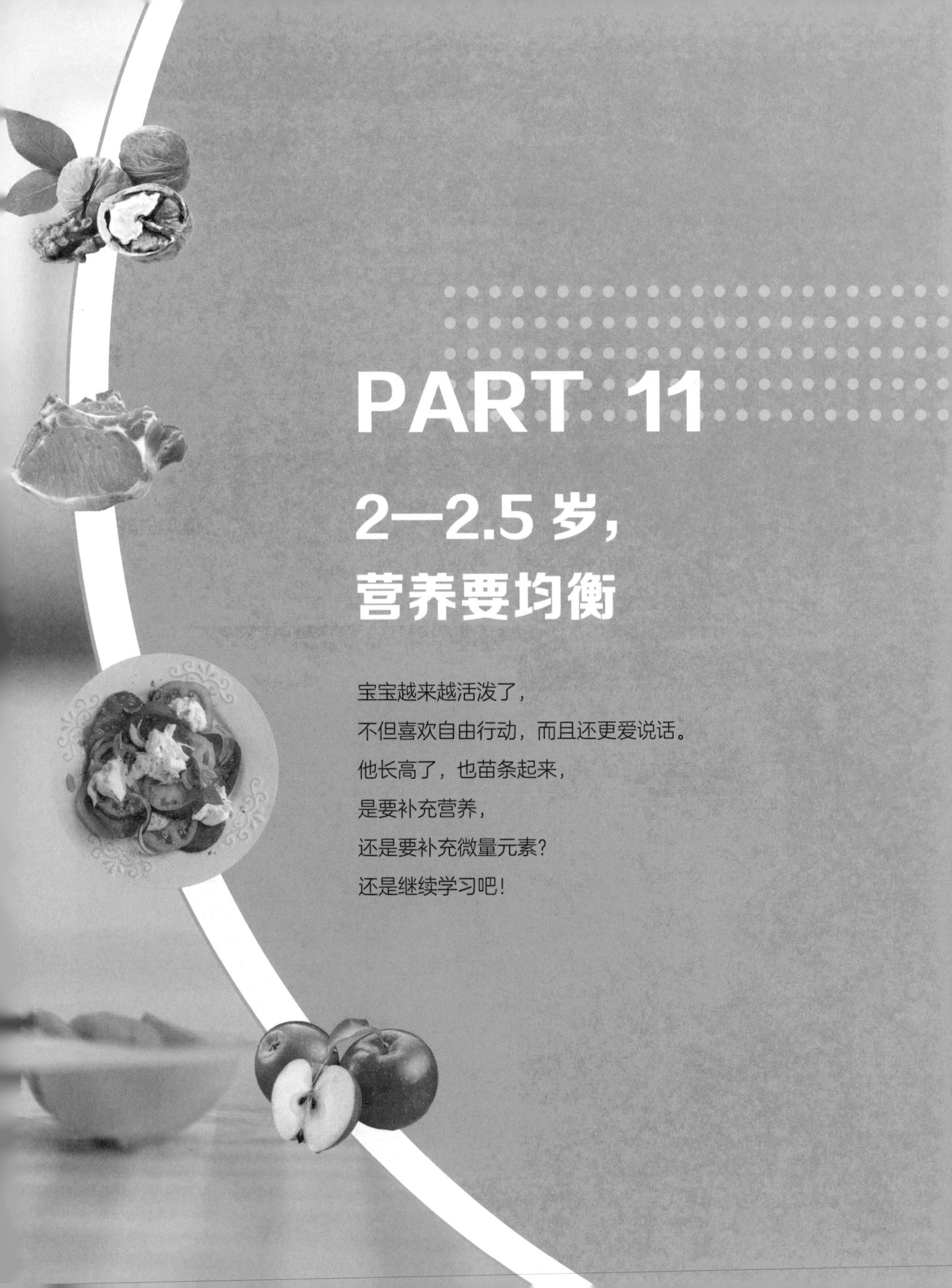

PART 11

2—2.5 岁，营养要均衡

宝宝越来越活泼了，
不但喜欢自由行动，而且还更爱说话。
他长高了，也苗条起来，
是要补充营养，
还是要补充微量元素？
还是继续学习吧！

2—2.5 岁宝宝喂养要点：给宝宝均衡的营养

宝宝特点素描

◎ **身体发育：**神经系统发育仍较快，脑功能逐渐成熟；身高、体重均处于匀速生长阶段，身高增长的速度相对更快一些，因此，即使原来是胖乎乎的宝宝，到了现在也开始“苗条”起来；运动技巧有了新发展，不但能自由行走、跑、跳等，技巧和难度也有了提高；手的精细动作也有了很大的进步，能够比较灵活地运用物体，如自己拿勺子吃饭甚至会使用筷子等。

◎ **智力发育：**进入了口语发展的最佳阶段，说话的积极性很高，爱提问，学话快；自我意识有了很大发展，知道“我”就是自己，并产生了强烈的独立倾向，喜欢自己脱衣服、叠被子等，尽管干不好也不要别人帮忙；产生了较为复杂的情感及行为，希望与人交往、有小伙伴；注意力和记忆力更强，能较长时间地听大人讲故事、看电视、看电影等。

喂养宝宝时的常见误区

有些家长给宝宝“滥补”营养，今天让宝宝补铁，明天让宝宝补钙，后天又改成补锌，这样会对宝宝造成不利影响，应引起重视。爸爸妈妈喂养宝宝时的常见误区有以下几种：

◎ 超量饮食。一般饮食正常的健康人从日常食物中就可获得足够的微量元素，不需要再进行药物补充。由于各种食物中所含的微量元素种类和数量不完全相同，只要宝宝平时的膳食结构做到粗细粮结合、荤素搭配，不偏食、不挑食，就能基本满足身体对各种营养素的需求。

◎ 宝宝的食物有点儿咸。有些妈妈为了让宝宝吃得更可口，往往在菜里加了很多调味品，结果导致食物变得很咸，因宝宝的肾脏发育尚未成熟，没有能力排除血液中过多的钠，因而很容易受到过量钠的侵害，以后还可能会引起高血压等疾病。另外，如果吃咸了，宝宝饭后会大量饮水，就会冲淡胃酸的浓度，从而影响食物消化。

◎ 饭后立即给宝宝吃水果。水果中富含单糖类物质，通常在小肠吸收，但饭后却不易立即进入小肠而会滞留于胃中；因为食物进入胃内，必须经过 1 ~ 2 个小时的消化过程，才能缓慢排出。如果在饭后立即给宝宝喂食水果，就会被阻滞在胃内，如停留时间过长，就会发酵而引起宝宝腹胀、腹泻或胃酸过多、便秘等。

◎ 给宝宝喝了太多的水。水分是维持人体健康所必需的营养物质，但与其他营养物质一样，摄入过多也会影响正常的生理过程。给宝宝喝水既要适量，也要把握好合适的时间段。给宝宝喝水，在两餐之间的时间段比较合适。饭前、饭中、饭后都不宜给宝宝一下喝太多的水。饭前大量喝水会冲淡胃中的消化酶从而影响消化；进餐时喝较多水会减少进食；饭后立即大量喝水极易引起不适，如胃胀、反酸等。

喂养小提示：入睡前更不宜给宝宝吃巧克力

巧克力的特殊口味一般都很受宝宝的喜爱。有些妈妈怕宝宝因夜里饥饿而醒后哭闹，就在入睡前给宝宝吃点儿巧克力，殊不知巧克力中含有使神经系统兴奋的物质，反而会使宝宝不易入睡和哭闹不安。正确的做法应该是让宝宝晚饭吃饱。

2—2.5 岁：一日饮食量推荐

时间		一日饮食量
上午	8:00	1 小杯温开水（约 100 毫升）。
	8:30	馒头 50 克、米粥 100 克、炒菜 1 小碗。
	10:00	牛奶 150 毫升、蛋糕 2 块。
下午	12:00 ～ 12:30	软米饭 1/2 碗、肉类食物 100 克、蔬菜汤 1 小碗。
	15:30	面包片 2 片、酸奶 100 毫升、水果 50 克。
	18:00	米饭 1/2 碗、炒菜 1 小碗。
夜间	21:00	牛奶 250 毫升、蛋糕 2 块。

虾酱蒸鸡翅

材料：120克鸡翅，少许姜末，少许葱花。

调料：盐，老抽，生抽，虾酱，生粉。

做法：

1. 在洗净的鸡翅上打上花刀。放入碗中，待用。
2. 向装有鸡翅的碗中淋入少许生抽、老抽。撒上姜末，倒入虾酱，加入盐，再撒上适量生粉。拌匀，腌渍约15分钟至入味。
3. 取一个干净的盘子，摆放上腌渍好的鸡翅，待用。蒸锅上火烧开，放入装有鸡翅的盘子。盖上锅盖，用中火蒸约10分钟至食材熟透。
4. 揭开盖子，取出蒸好的鸡翅，撒上葱花即成。

好妈妈喂养经

本道菜使用虾酱，可以赋予特有的鲜美味道；而且虾酱中含有虾青素，是一种有益健康的抗氧化剂。但虾酱含盐量高，注意不要放过量。

滑炒鸭丝

材料：鸭脯肉100克，玉兰片8克，香菜梗、鸡蛋清、水淀粉、盐、葱丝、姜丝、味精各适量。

做法：

1. 鸭脯肉、玉兰片分别切丝；香菜梗洗净，切段。
2. 鸭肉丝放入碗内，加入盐、味精、鸡蛋清、水淀粉抓匀；另一碗内放入味精、盐、葱丝、姜丝调成味汁。
3. 锅内加油，烧至六成热，将鸭肉丝下锅滑透，倒入漏勺沥油。
4. 锅内留少许底油，倒入鸭肉丝、玉兰片、香菜梗，倒入味汁，翻炒数下即成。

虾皮碎菜包

材料：虾皮5克，小白菜50克，鸡蛋1个（取蛋液），自发面粉、香油、盐各适量。

做法：

1. 虾皮用温水洗净泡软后切末，加入打散炒熟的鸡蛋液。
2. 小白菜洗净后略汆烫，切末，与虾皮鸡蛋液、香油、盐混合后调成馅料。
3. 将自发面粉和好，略醒一醒，加入②中的馅料，包成提褶小包子，上笼蒸熟即成。

好妈妈喂养经

虾皮含有丰富的钙、磷，小白菜经汆烫后可去除部分草酸，更有利于钙被宝宝身体吸收。所以，宝宝常吃这种鲜香的小菜包对身体发育是有好处的。

面包渣煎鱼

材料：净银鳕鱼块200克，鸡蛋1个，面包渣、面粉、盐各适量。

做法：

1. 银鳕鱼块洗净，用餐纸蘸干；鸡蛋打散后放盐拌匀；面包渣、面粉撒在盘子底。
2. 平底锅放油烧热，将鱼块双面依次蘸上面粉、鸡蛋液、面包渣，放入锅内，两面各煎3分钟至熟即可。

好妈妈喂养经

◎这款煎鱼没有放很多调料，既保持了鱼肉的鲜美，也不会吸收很多油，适合宝宝食用。

◎面包渣做法：将面包切片，放入小烤箱里烤干，晾5～6个小时，取出碾碎即可。

黑木耳烧豆腐

材料：熟豆腐丁400克，水发黑木耳丁、火腿丁各40克，葱末、盐、水淀粉、鲜汤各适量。

做法：

1. 锅内加少许油烧热，下葱末爆香，放入黑木耳丁略煸炒，加入鲜汤、豆腐丁，烧开后加盐调味。
2. 用水淀粉勾芡，撒上火腿丁炒匀即可。

好妈妈喂养经

◎豆腐富含钙质，黑木耳富含铁质，两者合用，给宝宝补钙又补铁。

◎胃寒、腹泻的宝宝不宜食用这款辅食。

虾皮豆腐煲

材料：虾皮 30 克，豆腐 100 克，绿菜叶适量，盐、香油各少许。

做法：

1. 虾皮洗净；豆腐用沸水汆烫，捞起后切成小块。
2. 虾皮入锅，加适量水煮沸，再将豆腐块入锅，煮约 10 分钟。
3. 放绿菜叶、少许盐和香油拌匀即可。

西红柿鸡蛋饼

材料：面粉 50 克，西红柿、鸡蛋各 1 个。

做法：

1. 西红柿洗净，去皮后切碎；鸡蛋打散，加入适量水、面粉搅拌均匀，再加入碎西红柿搅拌成糊状。
2. 锅置火上，放适量油烧热，倒入搅好的鸡蛋面糊，煎至两面呈金黄色即可。

苹果金团

材料：甘薯、苹果各 50 克，蜂蜜少许。

做法：

1. 将甘薯洗净去皮，切碎后煮软。
2. 把苹果去皮、核后切碎，煮软，与甘薯碎混合均匀，加入少许蜂蜜拌匀即可喂食。

鲜美冬瓜盅

材料：冬瓜 50 克，冬笋末、水发冬菇末、口蘑末各 10 克，酱油、冬菇汤、香油、白糖、水淀粉各少许。

做法：

1. 油锅烧热，放入冬笋末、水发冬菇末、口蘑末煸炒，再加酱油、白糖、冬菇汤，烧沸后用水淀粉勾芡，晾凉后制成馅。
2. 将冬瓜洗净，在肉厚处挖出圆柱形，氽烫至熟后抹香油，填入馅，放盘中，入锅再蒸 1 分钟即可。

好妈妈喂养经

挑选冬瓜的时候要选皮较硬、肉质细密、种子已成熟变成黄褐色的冬瓜，这样的冬瓜营养价值高。

双菇炒丝瓜

材料：鲜口蘑、香菇各 60 克，丝瓜 1 根，姜末、盐各适量。

做法：

1. 丝瓜去皮，洗净后切小段。
2. 鲜口蘑和香菇分别洗净，浸泡片刻后切成薄片。
3. 锅内热油，下入姜末炝锅，放入口蘑片和香菇片煸炒，加入适量水炖煮。
4. 水煮沸后倒入丝瓜段，加盐烧至汤浓入味即可。

好妈妈喂养经

◎浸泡香菇的水除去泥沙后还可利用。

◎如果在浸泡香菇的温水中加入少许白糖，烹调后的味道更鲜美。

专题 10：喂养难题深度辅导

宝宝吃饭不定时定量怎么办

宝宝不能定时定量进食，可能是因为没有养成规律的生活习惯所致。所以，帮助宝宝建立正常规律的饮食“生物钟”非常重要，它是反映宝宝是否健康的基本标志，妈妈们应抓紧时间进行训练。比如，可以为宝宝制定一个生活时间表，每天严格安排宝宝的饮食。此外，必须使宝宝的胃定时排空，控制零食的摄入量。如果没到吃饭时间宝宝就饿了，但还不是很饿的话，不妨采用给宝宝讲故事、听音乐等方法分散他的注意力，到吃饭的时候再进食。

宝宝吃饭正常就等于营养全面吗

宝宝吃饭正常，说明胃口很好，消化功能也正常，但不等于营养很全面、充足。要使宝宝健康成长，不但要吃得饱，而且要吃得好，这就需要妈妈们为宝宝准备均衡的膳食。妈妈们给宝宝的食物不仅要包括适当的主食以及鸡、鸭、鱼、肉、牛奶、蛋等富含蛋白质的食物，还要多吃新鲜蔬菜和水果，以满足宝宝身体对各种营养素的需要。此外，宝宝饮食中还要有脂肪含量适当的食物，以提供宝宝身体所需的热量。

怎样使宝宝的饭菜既营养又可口

宝宝年龄不同，消化道发育的成熟度不同，因而对食物口味的要求也就不一样。因此，给宝宝烹调食物时，一定要根据宝宝的实际情况来决定采取哪种烹调方法，这样才有助于宝宝更好地消化吸收和提供全面的营养。

◎ 食物烹调要细软：给宝宝的食物不但要营养素高而全面，而且饭菜要做得比较细软，易于咀嚼、消化。

◎ 味道要适中：给宝宝烹调食物时，尽量不要放辛辣的调料，而且要少放盐，做得清淡一些。熬骨头汤时可加少量醋，使骨头中的钙质溶出，这样更易于宝宝身体的消化吸收。

◎ 掌握烹调时间和火候：为了保证营养素在烹调中不易丢失，可将菜洗干净后再切碎，炒菜时火候要大、时间要短，这样能够减少蔬菜营养素的流失。

PART 12

2.5—3 岁，尝试像大人一样吃饭

宝宝也上餐桌了！
跟着爸爸妈妈一起吃饭，
他显得特别开心。
宝宝猛长个头，牙齿也越来越多了，
美味而多样的辅食，
充足而全面的营养，
一样都少不了！

2.5—3 岁宝宝喂养要点：给宝宝与大人同等的进餐权利

宝宝特点素描

◎ **身体发育：** 生长仍处于较慢的衡速生长期，但心理发育的速度加快；运动技巧有了新的发展，动作日渐成熟，两手也更加灵活，能玩些带有技巧性的玩具；兴趣爱好广泛，往往兴趣不在吃上，有的宝宝还出现厌食或边吃边玩的不良习惯。

◎ **智力发育：** 语言能力进一步提高，掌握的词汇量和句型迅速扩展；说话和听话的积极性都很高，爱听故事、儿歌、诗歌等；注意力和记忆能力也较之前有所提高，能较长时间地看电视、看电影、做游戏等，并能记住简单的片断；个性逐渐显露，自我意识进一步发展，能够判断“好”与“不好”、“对”与“不对”，并能用语言来控制和调节自己的行为。

让宝宝在餐桌上吃饭

让宝宝在餐桌上吃饭，不但可以改掉宝宝“边吃边玩、让妈妈追着喂”的坏习惯，还能帮宝宝逐步养成良好的进餐习惯，也有利于增进亲子感情。

◎ 给宝宝准备与大人一样的饭菜。现在这个阶段，宝宝可以吃饭桌上的大部分饭菜了。因此，爸爸妈妈要尽量根据宝宝一日三餐的要求来做饭菜，这样宝宝就能与家人一起吃一样的饭菜了，还能够提高宝宝的进餐兴趣。

◎ 为宝宝准备专用的餐椅。宝宝此时的身体已经发育得很好，完全能够支撑自己端坐在椅子上，因此爸爸妈妈要为宝宝准备好一个专用的餐椅。这样做，不但能让宝宝和父母在一张桌子上吃饭，而且还能培养宝宝形成有规律的进餐时间，防止宝宝淘气不吃饭，对培养宝宝良好的进餐习惯非常有利。

◎ 可以让宝宝吃饱后先离开餐桌。当宝宝吃饱后，妈妈就可以让他先离开餐桌了。但是，一定要避免宝宝还没吃完就离开餐桌。因为这个阶段的宝宝基本都很贪玩，很难安静地长时间待在一个地方。如果宝宝确实不听“劝告”，“一意孤行”的话，妈妈也不要强制他吃饭，可以让宝宝稍玩一会再吃，但要逐渐减少这种情况的发生频率。

喂养小提示：了解宝宝餐桌上的“金字塔”

◎最底层：主食，包括五谷杂粮和豆类等。

◎倒数第 2 层：蔬菜、水果，其中深色蔬菜应占 1/2 以上。

◎倒数第 3 层：奶及奶制品。

◎倒数第 4 层：鱼、肉、蛋类。

◎塔尖：少许油、盐、糖。

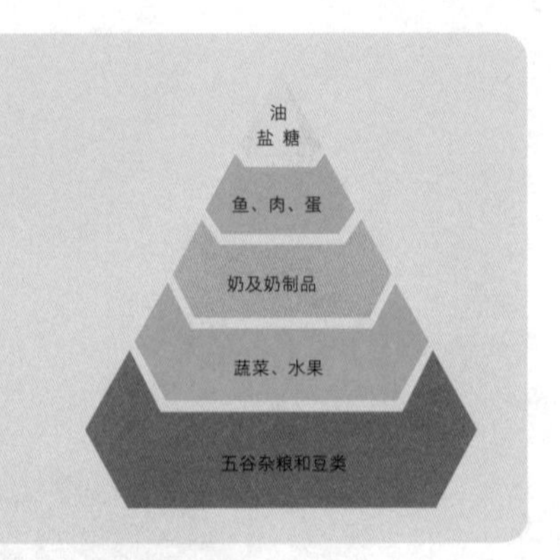

正确喂养，宝宝牙齿会更好

一般来说，宝宝出生后 4—10 个月开始长乳牙，1 岁时萌出 6 ~ 8 颗，2—2.5 岁时出齐，达到 20 颗。在宝宝长牙期间，辅食的添加和平衡的膳食对牙齿的健康发育至关重要。

◎ 妈妈给宝宝及时正确地添加辅食，既可为宝宝牙齿发育提供必要的营养成分，如钙、磷等无机盐和许多维生素等，促进牙齿的长成，还可以帮助宝宝练习咀嚼、消化，甚至对宝宝的语言能力的培养都大有帮助。

◎ 妈妈还应让宝宝多吃富含膳食纤维的蔬菜和粗粮。膳食纤维广泛存在于蔬菜、粗粮中，是良好的护齿营养素。宝宝多吃适当硬度的粗糙性食物，可增加牙齿的自洁和牙龈按摩，从而增强牙齿的抗病能力。

◎ 宝宝还应少吃或不吃甜、软精制类食物。这类食物由于含糖量高，又易于滞留在牙缝中，时间长了就会腐蚀牙齿，故应少吃。

◎ 不要喂宝宝吃过酸、辣、烫、冷类食物，以免损害牙齿。吃甜食或较甜的水果后，一定要教宝宝漱口。

2.5—3 岁：一日饮食量推荐

时间		一日饮食量
上午	8:00	1 小杯温开水（约 100 毫升）。
	8:30	蛋糕 80 克、牛奶 150 毫升、果酱 10 克、炒菜 1 小盘。
下午	12:00 ~ 12:30	馒头 60 克、肉炖汤 100 克。
	15:30	豆奶 200 毫升、面包片 2 片、水果 100 克。
	18:00	蔬菜馅饼 100 克、米粥 1 碗。
夜间	21:00	牛奶加糖 250 毫升。

菠萝蒸排骨

材料：160克菠萝肉，120克排骨段，50克彩椒，适量蒸肉米粉。

调料：盐，生抽。

做法：

1. 把备好的菠萝肉对半切开。洗净的彩椒切块。
2. 将洗净的排骨段放入碗中，加入生抽。放入盐，撒上蒸肉米粉，拌匀，腌渍一会儿，待用。
3. 取一蒸盘，倒入切好的菠萝肉，摆整齐。放入腌渍好的排骨段，装饰上彩椒块，待用。
4. 备好电蒸锅，烧开后放入蒸盘。盖上盖，蒸约10分钟，至食材熟透。断电后揭盖，取出蒸盘。稍微冷却后食用即可。

好妈妈喂养经

◎菠萝属于热带水果。菠萝中含有较多碳水化合物、膳食纤维、维生素C、钾等营养素，还含有果酸，所以吃起来酸甜可口。用菠萝制作的菜肴口味独特，受到宝宝的喜爱。

◎菠萝只是作为口感的调配，不需要在锅内蒸太长时间，否则就容易失去清甜和爽脆。

土豆蘑菇鲜汤

材料：土豆 1 个，小蘑菇 50 克，蛤蜊肉、奶油、鲜牛奶、面粉、盐、胡椒粉各适量。

做法：

1. 土豆去皮，蒸熟后晾凉，切丁；小蘑菇用盐水汆烫熟，切片。
2. 用奶油加适量色拉油炒面粉，微黄时加入鲜牛奶及适量水煮成浓汁。
3. 放入土豆丁、小蘑菇片煮软，加盐调味，土豆软烂时放入蛤蜊肉再煮片刻，撒入胡椒粉即可食用。

好妈妈喂养经

炒面糊时若全部用奶油很容易焦，加一点儿色拉油即可避免，也比较好吃。

紫菜鳗鱼饭饼

材料：米饭、黄瓜各 100 克，干紫菜 10 克，火腿 1 根，熟鳗鱼 80 克，盐适量。

做法：

1. 火腿和黄瓜分别切小条，入沸水中汆烫至熟，加盐、油调味；熟鳗鱼切片。
2. 干紫菜铺在保鲜膜上，上面均匀铺上一层米饭，压紧，摆火腿条、黄瓜条、熟鳗鱼片。
3. 将保鲜膜慢慢卷起、捏紧，包住之后冷冻，食用前切片，用微波炉加热即可。

好妈妈喂养经

这款辅食富含多种营养成分，其中的维生素 A、维生素 E 对于预防宝宝视力退化、保护肝脏有很大益处；所含的钙、蛋白质能帮助宝宝强健身体。

骨香汤面

材料：猪骨或牛脊骨 200 克，龙须面、青菜、盐、米醋各适量。

做法：

1. 将骨砸碎，放入冷水中用中火熬煮，煮沸后加入少许米醋，继续煮 30 分钟。
2. 将骨去除，取骨头汤，将龙须面下入骨头汤中，再将洗净切碎的青菜加入汤中煮至面熟。
3. 加盐拌匀即成。

鱼子蛋皮烧麦

材料：鸡蛋 4 个，虾仁 100 克，胡萝卜 1 根，鱼子、盐、鱼露、水淀粉各适量。

做法：

1. 鸡蛋打散，加盐调味，煎成蛋皮；虾仁剁碎，加盐、鱼露、水淀粉拌匀成馅料。
2. 将蛋皮铺平，放入碎虾仁，捏成烧麦；胡萝卜切成片，垫在蒸笼内，放入烧麦坯，撒鱼子，上笼蒸熟即可。

煸炒彩蔬

材料：香菇丝、黑木耳丝、青椒丝、红椒丝、冬笋丝各 10 克，绿豆芽、盐、水淀粉各适量。

做法：

绿豆芽洗净。油锅烧热，放入青椒丝、红椒丝、冬笋丝、黑木耳丝、绿豆芽煸炒，加水和盐略煮，用水淀粉勾芡，放入香菇丝炒一下，盛出即可。

嫩豆腐糊

材料：嫩豆腐 20 克。

做法：

1. 将嫩豆腐放入锅内，加适量水，边煮边把豆腐压碎。
2. 嫩豆腐煮好（时间不可过长，防止把豆腐煮老，宝宝不易消化）后放入碗内，再接着研磨至糊状即可。

好妈妈喂养经

豆腐除可以为宝宝做成嫩豆腐糊外，还适合煎、煮、炒等烹饪手法。

芹菜焖豆芽

材料：绿豆芽 50 克，芹菜 1 根，葡萄干、姜、盐、高汤各适量。

做法：

1. 先将芹菜择洗干净，切成段；姜去皮，洗净，切碎；葡萄干用清水浸泡 20 分钟；绿豆芽洗净，备用。
2. 油锅烧热，炝香姜末，再放芹菜段、高汤略煮，然后加入绿豆芽和葡萄干，再煮 5 分钟，然后加盐调味，收干汤汁即可。

好妈妈喂养经

芹菜和豆芽都富含膳食纤维，所以这是一道膳食纤维丰富的菜肴，比较适合容易便秘的宝宝食用。

五彩寿司卷

材料：米饭 2 小碗，海苔 2 片，小黄瓜、西红柿各 30 克，芝麻香松、肉松、玉米粒、奶油起司各适量。

做法：

1. 小黄瓜洗净切丝；西红柿洗净切小块。
2. 取寿司帘铺平，放 1 片海苔片，铺上 1/2 米饭及小黄瓜丝、西红柿块，抹奶油起司，放入其余材料，卷成圆筒状，切片即成。

黄梨炒饭

材料：黄梨丁 30 克，青豆仁、胡萝卜丁各 10 克，米饭 100 克，鸡蛋 1 个，低油肉松、盐、葱末各适量。

做法：

1. 青豆仁与胡萝卜丁汆烫后沥干，备用。
2. 油锅烧热，爆香葱末，将鸡蛋液炒成蛋松，再将米饭与胡萝卜丁下锅拌炒。
3. 最后将青豆仁、黄梨丁及盐放入锅中翻炒。
4. 盛起后撒上低油肉松即可。

鲔鱼南瓜意大利面

材料：短管意大利面 40 克，鲔鱼（罐头）、南瓜各 20 克。

做法：

1. 南瓜去皮、籽，切小丁。
2. 鲔鱼压碎末。
3. 将短管意大利面与南瓜丁一同煮软，沥干后加入鲔鱼碎末拌匀即可。

专题 11：喂养难题深度辅导

给宝宝做菜时应该怎样加调料

做菜加调料主要是增加饭菜的味道，提高宝宝的食欲，增加食量。但从医学和营养学的角度来讲，食物太咸，摄入的钠会过多，是诱发高血压的危险因素。而食物太甜，也会增加胰岛的负荷，又容易导致糖尿病。所以，给宝宝做菜加调料时，不仅要考虑增加食物的美味，而且还要考虑是否有利于健康、预防疾病。首先，应控制盐的摄入量，宝宝应该清淡饮食，少盐或无盐。另外，糖和其他调味料应酌情添加。其中糖作为甜味剂可以少加，酸、辣等调料能不加就不加，熬骨头汤、吃饺子时可加少量醋。

宝宝特别爱吃甜食怎么办

宝宝爱吃甜食，使牙齿变得脆弱，容易形成龋齿；过多的糖分储存到体内，还会转化成脂肪，使宝宝容易发胖，等等。但是，不能就此认为多吃糖百害而无一利，这种认识是片面的。只要给宝宝恰当地吃甜食，对身体发育还是有一定益处的。如果家中有特爱吃甜食的宝宝，可以尝试以下的方法来进行纠正：

- 改变宝宝的饮食习惯，无论是主食还是炒菜，尽量不放糖，并逐渐减少甜品。
- 不要给宝宝喝过多的甜饮料。给宝宝补充水分时，最好的饮料莫过于白开水，如果宝宝一时适应不了，可以在白开水中加入少许鲜榨果汁调味。

为什么宝宝应忌喝咖啡

咖啡虽然含有多种营养成分，但其中含有的咖啡因却会兴奋大脑皮质。而宝宝年龄小，身体功能还较弱，对咖啡因反应更为敏感，饮后易出现兴奋、烦躁、吵闹、失眠等症状。另外，咖啡碱还可破坏宝宝对钙、维生素的吸收，所以宝宝应忌喝咖啡。

怎样喂宝宝吃绿叶蔬菜

绿叶蔬菜中有大量人体所需的维生素，所以非常适合宝宝食用。在烹饪蔬菜时，要先洗后切，不要挤汁，炒时应少加水，用急火快炒，食用的时候则应尽量避免弃去菜汁，这样可以防止水溶性维生素的丢失。

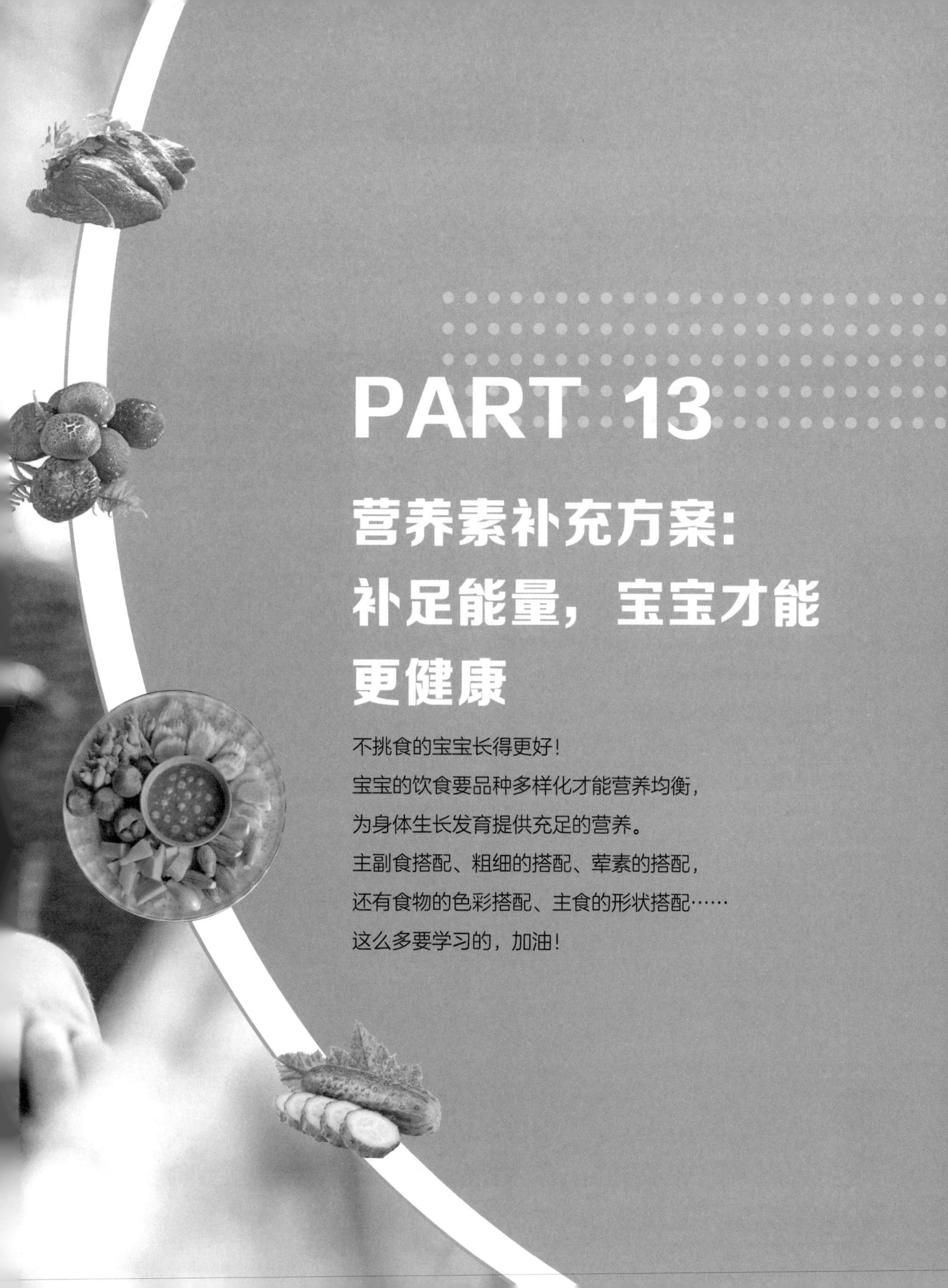

PART 13

营养素补充方案：补足能量，宝宝才能更健康

不挑食的宝宝长得更好！

宝宝的饮食要品种多样化才能营养均衡，

为身体生长发育提供充足的营养。

主副食搭配、粗细的搭配、荤素的搭配，

还有食物的色彩搭配、主食的形状搭配……

这么多要学习的，加油！

碳水化合物：主要热量来源

碳水化合物也称糖类，包括单糖、寡糖和多糖。人体每天所需能量的大部分都是由碳水化合物来提供的，宝宝的生长发育和日常活动都离不开能量的支持。此外，碳水化合物不仅是营养物质，有些还具有特殊的生理活性，如核糖核酸和脱氧核糖核酸中就含有碳水化合物，血液中红细胞表面的糖类成分与血型及免疫活性有关。

宝宝缺少碳水化合物的表现

体温下降，生长发育迟缓，全身无力，精神不振，体重减轻，可能伴有便秘的症状。

富含碳水化合物的食物

各种谷类食物（小麦、黑麦、大麦、全谷面包、糙米等）、蔬菜、各种水果等。

补充碳水化合物的要点

喂食宝宝时宜少食多餐

宝宝主要应从主食中获取碳水化合物，如米、面、粗杂粮、薯类、有些豆类等。所以，妈妈们不要让宝宝养成只吃菜不吃饭的习惯，而应想办法让宝宝养成主食与菜搭配食用的饮食习惯。此外，妈妈们还可以适当给宝宝吃一些健康的小零食，这样可为宝宝补充充足的碳水化合物。

在宝宝活动后及时补充

不管什么样的运动，都会消耗掉体内的能量。宝宝虽然小，活动量不是很大，但同样也会消耗大量能量。

因为碳水化合物是人体能量的主要来源，所以妈妈要在宝宝活动后，为宝宝准备一些含碳水化合物丰富的食物或饮料，以弥补能量的消耗。

碳水化合物食物的选择

含碳水化合物的食物除了各种谷类、薯类和杂豆类之外，糖和各种甜食以及含糖饮料也含有较多的碳水化合物。但我们为宝宝补充碳水化合物首选主食类，特别是粗杂粮。因为这些食物中所含碳水化合物均为多糖，同时还含有蛋白质和膳食纤维、B族维生素、矿物质等，可以为宝宝提供多种多样的营养物质。而糖和含糖饮料则除碳水化合物以外，几乎没有其他营养物质，我们称之为“纯能量饮食”。糖类食物中的碳水化合物主要为单双糖类，吃后对血糖的影响也较大，所以尽量不要用甜食来为宝宝补充碳水化合物。同时给宝宝选择主食时也要注意粗细搭配，不要只吃精白米面，适当选择玉米、小米、山药、白薯、芋头、红豆、绿豆等食物。

栗子白菜大米粥

适龄宝宝 6个月以上

材料：栗子、小白菜各30克，大米粥3大匙。

做法：

1. 将栗子、小白菜分别放入锅中，加入适量水后煮熟，捞出捣烂。
2. 将大米粥捣烂后盛入小碗内。
3. 将煮过并捣烂的栗子、小白菜放入大米粥里拌匀即可。

好妈妈喂养经

栗子中富含碳水化合物，与菜粥一起烹调，营养成分更丰富，更能为宝宝提供均衡的营养，有助于宝宝茁壮成长。

土豆西红柿羹

适龄宝宝 6个月以上

材料：西红柿、土豆各1个，肉末20克。

做法：

1. 西红柿洗净去皮，切碎末。
2. 土豆洗净，放入锅内，加适量水煮熟后去皮，压成泥。
3. 将西红柿末、土豆泥与肉末一起搅匀，上锅蒸熟即可。

好妈妈喂养经

如果宝宝不喜欢这样吃，可以把西红柿切成片或小丁，再与土豆泥和肉末混合成羹蒸熟，这样可以使口感更好一些。

奶肉香蔬蒸蛋

适龄宝宝 8个月以上

材料：鸡蛋液、奶粉各3大匙，鸡肉块、胡萝卜块、小白菜块、奶酪粉各适量。

做法：

1. 鸡蛋液与奶粉一同放入碗里搅拌均匀，其他食材放入沸水锅中汆烫，捞出盛入容器中。
2. 把鸡蛋奶液倒入盛食材的容器中，再撒少许奶酪粉用蒸锅蒸熟即可。

蔬菜小窝头

适龄宝宝 19个月以上

材料：甘薯400克，胡萝卜200克，藕粉、白糖各适量。

做法：

1. 将甘薯、胡萝卜分别洗净后蒸熟，取出晾凉后剥皮，挤压成细泥。
2. 在①的材料中加藕粉和白糖拌匀，并切小团，揉成小窝头蒸熟即可。

香浓鸡汤粥

适龄宝宝 30个月以上

材料：鸡肉、大米各100克，葱、姜、盐各少许。

做法：

1. 将鸡肉切碎，煮烂后取汁；大米洗净。
2. 取适量汤汁与大米一同放入锅中，再加入葱、姜、盐煮熟即可。

脂肪：宝宝生长的动力源

脂肪是人体最有效的能量仓库，是构成人体细胞、神经组织和防护保温层的“功臣”，也是提供人体长时间运动的重要能源。另外，脂肪还有一个好处，就是能让食物的味道更好。所以，妈妈们在给宝宝喂辅食时，一定不要忽视对于脂肪的摄取。当然，宝宝也不能过量摄取脂肪，妈妈们可以用合理的膳食结构来控制宝宝体内脂肪的摄入与转化。

宝宝为何不能缺少脂肪

缺少脂肪会引起皮肤干燥、失水；生长发育速率降低；胃肠道及肝、肾可能发生异常；可能引起血小板功能失常；可能引起血脂及体脂组成异常；宝宝体质可能会下降，易感染疾病。

脂肪的食物之源

在各类食物中，宝宝需摄取的脂肪主要来自于牛奶、肉、鱼、蛋类及烹调用油等食物。

合理摄取脂肪

植物性脂肪最可贵

植物性脂肪的营养价值比动物性脂肪相对要高。在常见富含植物性脂肪的食物中，如豆油、香油、花生油、玉米油、葵花籽油等，都含有丰富的人体必需脂肪酸。这些脂肪酸对于处在生长发育中的宝宝来说，都应该成为脂肪的主要摄取来源。不过，动物脂肪中的脂溶性维生素含量要比植物脂肪高，所以也要适当吃些动物性食物，而且还可以适当补充各种维生素。

重视不饱和脂肪酸的供给

给宝宝调配膳食时，应注意不饱和脂肪酸的供给，因为不饱和脂肪酸是宝宝神经发育、髓鞘形成所必需的物质。不饱和脂肪酸多含于植物性脂肪中，如果食物中不饱和脂肪酸供应不足，可能会影响宝宝的神经发育和引起宝宝体重下降。因此，妈妈们须注意多选用富含不饱和脂肪酸的食物，如豆类食物，还应尽量用植物油烹调。

母乳中也有脂肪

母乳不愧为宝宝的最佳营养，其中就富含不饱和脂肪酸，而且其质量远比牛奶中的不饱和脂肪酸好。宝宝在月龄小时，以乳类为主食，应当以母乳喂养为首选，在无母乳的情况下，可选用配方奶喂养。而在宝宝增加辅食后，妈妈也不可立即给宝宝断奶，还需重视母乳的作用。

核桃仁糯米粥

适龄宝宝 6个月以上

材料：核桃仁 10 克，糯米 30 克。

做法：

1. 将糯米洗净放入锅内，加水后煮至半熟。
2. 将核桃仁炒熟，压成粉状，择去皮后放入粥里，煮至黏稠即可食用。

好妈妈喂养经

◎核桃仁含有较多的蛋白质和不饱和脂肪酸，这些成分是宝宝大脑组织细胞代谢的重要物质，能滋养宝宝的脑细胞，增强脑功能。

◎核桃含油脂较多，一次不要给宝宝吃太多，以免损伤脾胃功能。

彩色蛋泥

适龄宝宝 13个月以上

材料：熟鸡蛋 1 个，胡萝卜 1/2 根，盐少许。

做法：

1. 胡萝卜洗净，切丝，加少量水煮至熟烂，碾成泥糊状后盛出。
2. 将熟鸡蛋的蛋白、蛋黄分别碾碎，加入盐拌匀。
3. 蛋黄放入小盘中，蛋白放在蛋黄上，上屉用中火蒸 7 ~ 8 分钟，浇上胡萝卜泥即可。

好妈妈喂养经

◎这款辅食柔软可口，含丰富的优质蛋白、铁和维生素 A 等，再配上胡萝卜，更为宝宝增加了维生素和胡萝卜素的供给。

◎鸡蛋不能一次给宝宝吃得太多。

八宝鲜奶粥

适龄宝宝 13个月以上

材料：莲子、红豆、绿豆、薏米、桂圆干、花生、鲜奶、糯米及葡萄干各适量。

做法：

1. 锅中加入适量水，烧开后放入莲子、红豆、绿豆、薏米、花生、糯米，大火烧开后改小火焖煮至黏软，放入桂圆干和葡萄干。
2. 稍微煮片刻后倒入鲜奶，煮开即可。

好妈妈喂养经

八宝粥各种食材搭配让营养更全面，可以健脾养胃，消滞减肥，益气安神。

腰果虾仁

适龄宝宝 25个月以上

材料：虾仁 200 克，腰果仁 50 克，鸡蛋 1 个，水淀粉、葱花、姜末、香油、高汤、醋、盐各适量。

做法：

1. 将虾仁挑去虾线。
2. 鸡蛋磕开，留下蛋黄，加入盐、水淀粉搅拌均匀，放入虾仁，均匀地蘸上蛋糊。
3. 锅内加适量油烧热，将腰果仁炸至略微发黄后捞出；将虾仁放入油锅中炸片刻后捞出，沥干油。
4. 原锅放少量油，加入葱花、姜末、醋、盐和少许高汤，倒入虾仁、腰果掂炒入味，淋少许香油即可出锅。

蛋白质：增强宝宝的抗病能力

蛋白质是人体必需的一种重要的营养素，处于快速生长发育中的宝宝更是离不开蛋白质。没有蛋白质就没有生命，蛋白质是构成生命的物质基础。对于宝宝来说，一切生命活动都与蛋白质息息相关。宝宝摄入的蛋白质在体内经过消化分解成氨基酸，吸收后在体内主要用于重新组合成人体蛋白质，同时新的蛋白质又在不断代谢与分解，时刻处于动态平衡中。所以合理的蛋白质摄入量，是增强宝宝抗病能力的法宝。

宝宝缺少蛋白质的表现

生长发育缓慢，大脑变得迟钝，活动明显减少，精神倦怠，抵抗力下降，偏食、厌食，呕吐，伤口不易愈合，贫血，身体水肿。

蛋白质的食物之源

动物性蛋白质来源

禽蛋、奶酪、牛奶、瘦肉、鱼肉等。

植物性蛋白质来源

大豆、杂豆、谷类、坚果等。

如何补充蛋白质

能够维持宝宝健康且促进宝宝生长发育的蛋白质主要来源于动物性蛋白。妈妈们可以根据宝宝的月龄大小，把食物处理成宝宝可以接受的状态给宝宝喂食。

例如，6个月的宝宝必须吃黏糊浓稠状的食物，可以给宝宝喂食蛋黄泥，等到宝宝有咀嚼能力的时候，就可以多喂食一些鸡胸脯肉和鱼肉。为了使宝宝的食物多样化，可以每周吃1～2次鱼、虾和豆制品，平时可以将鸡肉、鸭肉、牛肉等变换着吃。

喂养小提示：不要一次性给宝宝食用大量高蛋白食物

宝宝的肝、肾功能较弱，消化功能还不完善，因而不能一次性摄入大量高蛋白质食物，否则容易引起脑组织代谢功能发生障碍，也就是蛋白质中毒症。

鸡蛋豆腐羹

适龄宝宝 13—15 个月

材料：鸡蛋 1 个，豆腐 3 小匙，肉汤 2 小匙。

做法：

1. 鸡蛋敲破，放入碗中，滤取半个蛋黄，打散。
2. 豆腐放入锅内，加入适量沸水汆烫，捞出沥干。
3. 将蛋黄、豆腐一起放入锅内，加入肉汤，边煮边搅拌，煮熟即可。

三鲜豆花

适龄宝宝 12个月以上

材料：嫩豆腐 1 小块，虾仁 3 只，鱼肉、鸡肉、香菇、鸡蛋清各适量。

做法：

1. 将虾仁、鱼肉、鸡肉一起剁碎，加入蛋清搅拌。
2. 锅内水煮开后放入做好的肉泥和香菇末煮沸，并将嫩豆腐倒入锅中即可。

鸡肉蓉汤

适龄宝宝 8个月以上

材料：鸡胸肉 50 克，鸡汤适量。

做法：

1. 鸡胸肉洗净，剁成鸡肉蓉。
2. 在鸡肉蓉中加适量水调匀成糊状。
3. 锅内加适量水，将鸡汤煮开，倒入鸡肉蓉糊，边倒边迅速搅拌，再次煮开即可。

甘薯拌胡萝卜

适龄宝宝 13个月以上

材料：甘薯 1/4 根，胡萝卜 1/8 根，黑芝麻 1 大匙，白砂糖 1 小匙，酱油少许。

做法：

1. 甘薯、胡萝卜均去皮，切成细条，加适量水煮熟；黑芝麻研磨出油，加入白砂糖及酱油混合调味。
2. 将煮好的甘薯条和胡萝卜条放入黑芝麻调味料中混合均匀即可。

好妈妈喂养经

胡萝卜中含有大量的营养物质，宝宝适量食用对身体发育及智力发育有很大益处。

鸡蛋黄油鱼卷

适龄宝宝 25个月以上

材料：鱼肉 500 克，鸡蛋 1 个，洋葱丝、芹菜丝、黄油、盐各适量。

做法：

1. 鱼肉洗净去刺，切成长方片。
2. 洋葱丝、芹菜丝放入锅中加盐拌炒均匀，盛出。
3. 鸡蛋打散后煎成蛋皮，切丝，加入炒好的洋葱丝、芹菜丝，拌匀后卷入鱼片内，卷起蒸熟，浇上熔化的黄油即可。

好妈妈喂养经

鱼肉和鸡蛋均含有丰富的蛋白质，而蛋白质是大脑发育必不可少的营养物质，宝宝适量摄入，对大脑和智力发育很有帮助。

维生素 A：促进宝宝视力发育

维生素 A 主要贮藏在肝脏中，少量贮藏在脂肪组织中，是一种脂溶性维生素，共有两种形式：一种是初态的维生素 A，又叫视黄醇，只存在于动物性食物中；另一种是维生素 A 原，主要是 β－胡萝卜素，可在人体内转变为维生素 A。两种都可以为人体补充维生素 A，但胡萝卜素只有 1/12 ~ 1/6 可以转变成维生素 A。

宝宝缺少维生素 A 的表现

◎ 患夜盲症。
◎ 食欲下降。
◎ 疲倦。
◎ 眼睛干涩。
◎ 骨骼、牙齿软化。
◎ 生长迟缓。
◎ 腹泻。
◎ 皮肤粗糙、角质化。
◎ 智力发育落后。
◎ 贫血、免疫力低下。

维生素 A 的食物来源

◎ **黄绿色蔬菜：** 如胡萝卜、茼蒿、菠菜、芥菜、甜椒、芹菜、韭菜等。
◎ **水果：** 如蜜柑、杏、柿子、枇杷等。
◎ **动物内脏：** 如猪肝、牛肝、鸡肝等。
◎ **水产品：** 如鳝鱼、生海胆等。
◎ **其他：** 包括蛋类、牛奶、牛油等。

宝宝如何补充维生素 A

多吃富含维生素A的食物

宝宝的食谱里应该多一些富含维生素 A 的食物，如母乳、全脂奶酪、动物肝脏、鱼肝油、蛋黄等。

多吃富含胡萝卜素的食物

多给宝宝吃富含胡萝卜素的绿色蔬菜，也能间接为宝宝补充维生素 A。因为胡萝卜素可在人体内转化成维生素 A。深绿色有叶蔬菜及黄色蔬菜和黄色水果如胡萝卜、西红柿、南瓜、甘薯、柿子、玉米和橘子等食物中，都富含胡萝卜素。妈妈们可以用这些食材给宝宝做汤粥或果汁，以保证宝宝对维生素 A 的需求。

适量补充脂肪类食物

胡萝卜素可在人体内转化成维生素 A，而脂肪则有助于胡萝卜素的吸收，所以在食用含胡萝卜素较多的食物时，妈妈们应在宝宝的食谱中适量搭配肉类食物，以利于宝宝身体对胡萝卜素的吸收。

胡萝卜水果泥

适龄宝宝 8个月以上

材料：苹果半个，胡萝卜30克，柠檬汁少许。

做法：

1. 苹果去皮，切适量果肉。
2. 胡萝卜洗净，与苹果肉一同刨碎，放入小碗里。
3. 将柠檬汁加入②的材料中搅拌均匀即可喂食。

蔬菜蒸蛋黄

适龄宝宝 7个月以上

材料：鸡蛋黄40克，菠菜25克，胡萝卜、高汤各适量。

做法：

1. 鸡蛋黄碾碎末；胡萝卜、菠菜分别择洗干净，汆烫后切成碎末。
2. 蛋黄碎末与高汤混合调匀蒸3～4分钟，将胡萝卜末和菠菜末撒在蒸好的蛋黄上即可。

红枣蛋黄泥

适龄宝宝 7—9个月

材料：红枣20克，鸡蛋1个。

做法：

1. 将红枣洗净，放入沸水中煮20分钟至熟，捞出，去皮、核后，剔出红枣肉。
2. 鸡蛋煮熟取蛋黄，加入红枣肉，用勺背压成泥状，拌匀后即可喂食。

黑枣桂圆糖水

适龄宝宝 13个月以上

材料： 黑枣 20 克，桂圆肉 10 克，红糖适量。

做法：

1. 将黑枣、桂圆肉分别洗净。
2. 黑枣、桂圆肉放入锅中，加入适量清水及红糖调匀，隔水炖 40 分钟即可。

好妈妈喂养经

桂圆补血益气；黑枣含有丰富的膳食纤维与维生素，可以帮助宝宝消化，预防便秘，因而这款黑枣桂圆糖水可为宝宝提供多种营养。

鲜香牛肉面

适龄宝宝 19个月以上

材料： 牛肉丝 30 克，细面条 30 克，菠菜、骨头汤、盐各适量。

做法：

1. 菠菜洗净，汆烫后切末；牛肉丝切小段；细面条切小段，备用。
2. 将骨头汤放入锅中加热至沸腾，放入牛肉丝煮熟。
3. 将细面条放入锅中，加入菠菜末，煮熟后放盐调味即可。

好妈妈喂养经

菠菜中含有丰富的胡萝卜素，是为宝宝补充营养的佳蔬之一。

B 族维生素：促进宝宝代谢

B 族维生素是人体新陈代谢不可缺少的物质，其种类很多，主要有维生素 B_1、维生素 B_2、维生素 B_6、维生素 B_{12}、烟酸、泛酸、叶酸等。宝宝体内如果缺少 B 族维生素，可能会导致细胞功能下降，引起代谢障碍，引发营养不良，对于月龄小的宝宝更是如此。

宝宝缺少 B 族维生素的症状

结膜炎，角膜炎，舌头肥大，水肿，肠胃消化不良，胀气，口角炎，舌炎。

哪些食物富含 B 族维生素

◎ **含维生素 B_1 的食物：**各种蔬菜、酵母、米糠、全麦、燕麦、麦麸、花生、猪肉等。

◎ **含维生素 B_2 的食物：**绿叶蔬菜、牛奶、奶酪、鱼、蛋类等。

◎ **含维生素 B_6 的食物：**燕麦、花生、核桃、小麦麸、麦芽、动物内脏、糙米、鸡蛋等。

◎ **含叶酸的食物：**酵母、蛋黄、全麦面粉、牛奶、菠菜、油菜、圆白菜、白菜、四季豆、哈密瓜、杏、香蕉、柠檬、桃等。

◎ **含维生素 B_{12} 的食物：**牛肉、蛋类、牛奶、动物肝脏、螺旋藻类等。

补充 B 族维生素的小窍门

B 族维生素有很多种，而且相互之间可以起到互补的作用，所以妈妈们在为宝宝补充 B 族维生素时，可以同时补充多种 B 族维生素。

喂养小提示：宝宝不吃肉，更应补充 B 族维生素

B 族维生素很大一部分来源于动物性食物，如瘦肉、动物内脏等。所以纯素食者很容易缺乏 B 族维生素，特别是维生素 B_{12}，是一种仅来自于动物性食物的维生素。所以处于快速生长发育时期的宝宝是不建议纯素食喂养的。

百合黄瓜

适龄宝宝 25个月以上

材料：鲜百合 80 克，黄瓜 100 克，盐少许。

做法：

1. 鲜百合洗净，掰开；黄瓜洗净，切薄片。
2. 锅置火上，放入适量油后烧热，加入百合略炒。
3. 待百合四成熟时放入黄瓜，用大火爆炒几下，加入盐翻炒均匀即可。

粉丝苋菜汤

适龄宝宝 25个月以上

材料：苋菜 100 克，粉丝 20 克，鸡蛋 1 个，盐少许。

做法：

1. 苋菜洗净撕开；粉丝剪段，用温水泡发。
2. 油锅烧热，将鸡蛋液摊成蛋饼后切丝。
3. 锅留少许底油，再放苋菜煸炒片刻，倒入粉丝煮开，撒入蛋丝、盐调匀即可。

黑豆糙米糊

适龄宝宝 13个月以上

材料：糙米 50 克，黑豆 10 克，砂糖 40 克。

做法：

1. 黑豆和糙米浸泡约 4 小时，洗净沥干。
2. 将黑豆及糙米放入果汁机内，加入凉开水搅打均匀，滤出浆，再倒入锅中加热至沸腾，加入砂糖搅拌至溶后即可。

芦笋蛋奶

适龄宝宝 25个月以上

材料：熟蛋黄1/2个，婴儿配方奶1大匙，芦笋20克。

做法：

1. 将熟蛋黄压泥，加入婴儿配方奶拌匀后盛入碗里。
2. 芦笋洗净，切小丁，煮软后取出捣成泥状，放在蛋奶中即可。

好妈妈喂养经

芦笋中的膳食纤维含量丰富，能增进食欲，帮助消化，还能增强人体免疫力，对宝宝的生长发育很有帮助。

蔬果薯蓉

适龄宝宝 12个月以上

材料：土豆、胡萝卜、香蕉各30克，木瓜、苹果、梨各1片。

做法：

1. 将土豆、胡萝卜分别去皮，洗净，切成薄片，放入锅中，倒入清水后用小火煮至软烂。
2. 把土豆片取出沥干水分后，压成泥，再加入牛油拌匀。
3. 将胡萝卜、香蕉、木瓜分别压成泥，苹果、梨用小匙刮出果肉，压成泥。
4. 将处理好的胡萝卜、香蕉、木瓜、苹果、梨和土豆泥混合拌匀即可。

维生素 C：增强宝宝抵抗力

维生素 C：一个重要的角色

维生素 C 有一个重要的功能，就是在胶原组织的形成上起到很重要的作用，而胶原质则是关系人体组织细胞、血管、牙龈、牙齿、骨骼成长与修复的关键物质。若胶原质不足，细胞组织就容易被病毒或细菌侵袭，人体就容易患病。所以，维生素 C 具有提高人体抗病能力、抑制有害菌的活性作用。对于宝宝来说，同样如此。所以，妈妈们不要忘记及时给宝宝补充维生素 C。

宝宝缺乏维生素 C 的症状

- ◎ 牙龈红肿，牙齿松动。
- ◎ 容易受伤、擦伤，易流鼻血，关节疼痛。
- ◎ 缺乏食欲，消化不良，体重减轻，身体虚弱。
- ◎ 呼吸短促，脸色苍白。
- ◎ 发育迟缓，骨骼形成不全。
- ◎ 易患贫血、感冒。

维生素 C 的食物来源

- ◎ **蔬菜：**甘蓝、甜椒、白菜、豌豆、胡萝卜、生菜、西红柿等。
- ◎ **水果：**苹果、柿子、柑橘、葡萄、草莓、猕猴桃、桃、梨等。

补充维生素 C 的途径

食补维生素C

蔬菜和水果中都富含维生素 C，妈妈们应该经常给宝宝用蔬菜和水果做食物，满足宝宝对维生素 C 的营养需求。但是要注意，由于维生素 C 容易氧化和对热度很敏感，在烹调的过程中容易被破坏，所以在做菜时要遵循方式简单、现做现食的原则，如烹调时可先蘸上面粉油炸，这样可减少维生素 C 流失，而且容易被肠道吸收。

服用维生素C补充剂

夏季天气热时，如果宝宝活泼好动，出汗量急剧增加，就会导致维生素 C 流失。这时，应在医生的指导下，利用维生素 C 补充剂来补充宝宝被汗液带走的维生素 C。

草莓羊奶炼乳

适龄宝宝 13个月以上

材料：草莓 150 克，羊奶 1 杯，炼乳 1 小匙。

做法：

1. 草莓洗净，沥干水分，去蒂后切成小块。
2. 将草莓块放入榨汁机内，加入羊奶和炼乳搅打均匀即可。

香豆干菠菜

适龄宝宝 13—15个月

材料：菠菜 200 克，香豆腐干 2 块，熟瘦肉、虾米、姜末、盐、白糖、香油各适量。

做法：

1. 将菠菜氽烫后捞出沥干，剁碎末，加入盐、白糖、姜末拌匀。虾米洗净，泡软后剁成碎末。
2. 香豆腐干和熟瘦肉切末，与虾米一起倒在菠菜末中，淋入香油拌匀即成。

水果糯米粥

适龄宝宝 10个月以上

材料：糯米 20 克，猕猴桃、水蜜桃、西红柿各 40 克，葡萄干适量。

做法：

1. 水蜜桃、猕猴桃去皮切丁，西红柿洗净切小丁。
2. 糯米洗净泡 1 个小时煮至八成熟，再放猕猴桃、水蜜桃、西红柿丁，煮熟后撒上葡萄干即可。

豌豆大米粥

适龄宝宝 7—12个月

材料：豌豆少许，大米 1 大匙。

做法：

1. 大米淘洗干净，加适量水煮成粥。
2. 豌豆去皮后放入锅中，加适量水煮熟后碾成碎末。
3. 取煮好的粥适量，与豌豆末混合均匀即可食用。

好妈妈喂养经

这款豌豆粥含有丰富的维生素 C，可抗菌消炎，促进新陈代谢，增强宝宝的免疫功能，提高机体的抗病能力。

胡萝卜西红柿蛋汤

适龄宝宝 25个月以上

材料：胡萝卜、西红柿各适量，鸡蛋 1 个（打散），姜、葱、盐各少许，清汤适量。

做法：

1. 胡萝卜、西红柿分别去皮，切片；姜去皮，切丝；葱切末。
2. 起锅热油，放入姜丝、胡萝卜片，翻炒后注入清汤，用中火烧开。
3. 待胡萝卜片熟时，下入西红柿片，调入盐，倒入鸡蛋液，撒上葱花即可。

好妈妈喂养经

西红柿有一定的酸味，如果宝宝不喜欢，可以放少量的糖。

维生素D：促进钙的吸收

维生素D是人体非常重要的营养元素，能促进食物中钙的吸收，并参与钙的代谢。此外，维生素D对宝宝骨骼的形成和发育极为重要，同时也会影响宝宝的神经肌肉、造血组织和免疫器官的功能。

维生素D缺乏的危害

宝宝体内维生素D缺乏，会导致佝偻病、手足搐搦症、骨软化病、骨质疏松症等多种病症发生。

维生素D的食物来源

◎ **正常食物中的维生素D：** 维生素D主要来源于动物性食物。主要存在于海产鱼类、蛋类和黄油等食物中。

◎ **维生素D强化食品：** 多为奶类食品和婴儿食品。

◎ **天然浓缩食物：** 主要是鱼肝油。

妈妈们需要注意的是，在给宝宝选择鱼肝油和维生素D强化食物时，一定要遵照医生的嘱咐，不可过量，以免引起中毒。

如何补充维生素D

补充维生素D的途径与其他营养素略有不同，除了重视食物来源之外，还要重视宝宝自身的合成制造，这就需要多晒太阳。

爸爸妈妈可以多带宝宝到室外晒太阳，接受更多的阳光照射，预防维生素D的缺乏。但是要记住，中午的阳光直射，紫外线过于强烈，此时不宜带宝宝外出晒太阳，早上10:00前或下午3:00后外出晒太阳比较好。

喂养小提示：不可过量补充维生素D

宝宝长期补充过量维生素D，会使体内维生素D蓄积过多，造成维生素D过量甚至中毒。这可能会导致严重的钙磷代谢紊乱而引起一系列症状，如骨骺过早钙化、软组织钙化、肾动脉钙化等，也可能影响脂肪代谢造成血浆胆固醇增高。维生素D中毒的表现包括厌食、疲乏、恶心、呕吐、头痛等。所以，给宝宝补充维生素D一定要在医生的指导下，或按照药品说明书上建议的量进行，不要擅自增加剂量。

鹌鹑蛋奶

适龄宝宝 10—12个月

材料： 鹌鹑蛋 2 ~ 3 个，配方奶粉、白糖各适量。

做法：

1. 配方奶粉加入适量开水煮沸；鹌鹑蛋去壳，加入煮沸的牛奶中。
2. 待鹌鹑蛋煮至刚熟时关火，加入适量白糖调味即可。

好妈妈喂养经

配方奶粉中的钙含量丰富，而且还含有维生素 D，可以促进钙在肠道内的吸收，宝宝经常食用，可以有效补充钙质。

虾米油菜炒蘑菇

适龄宝宝 19个月以上

材料： 油菜 300 克，鲜蘑菇 50 克，虾米 2 大匙，姜、白糖、盐、香油各适量。

做法：

1. 油菜洗净切段；虾米用开水浸泡；鲜蘑菇切小块，加入开水汆烫；姜切末。
2. 油锅烧热，稍煸姜末，放入虾米煸炒，加入油菜段、蘑菇块炒熟，再加入白糖、盐炒匀，淋上香油即可。

好妈妈喂养经

这款辅食不但营养均衡，而且含有较丰富的钙和维生素 D，宝宝食用可补钙，强身健体。

鲜蔬鱼片汤

适龄宝宝 13个月以上

材料：胡萝卜 20 克，苦瓜、鱼肉各 100 克，鸡腿菇 15 克，姜、清汤、盐、白糖各少许。

做法：

1. 苦瓜、鱼肉、胡萝卜、鸡腿菇、姜分别洗净切片。
2. 起锅热油，放入姜片、鸡腿菇片炒香，注入清汤，烧开后放入苦瓜片、胡萝卜片、鱼片，调入盐、白糖调味即可。

香芋豆皮卷

适龄宝宝 25个月以上

材料：香芋、豆腐皮各 100 克，虾米 50 克，番茄酱、白糖、醋、盐、鸡精各适量。

做法：

1. 香芋洗净煮熟，豆腐皮切小块后汆烫至熟。
2. 香芋揉成泥，加盐调味，用豆腐皮包卷好备用。
3. 虾米洗净与调料搅匀，淋在香芋豆皮卷上即可。

小海鱼米粥

适龄宝宝 6个月以上

材料：小海鱼 1 条，大米粥 3 大匙。

做法：

1. 小海鱼洗净，去皮、刺，捣碎后备用。
2. 将大米粥与捣碎的小海鱼一同放入锅中，煮熟即可。

维生素 E：提高宝宝免疫力

维生素 E 具有强大的抗氧化功能，能够清除体内自由基，保护红细胞，从而有效避免宝宝发生贫血。宝宝在出生时，维生素 E 通过胎盘留在宝宝体内的量很少，如果妈妈本身饮食不当，摄取的维生素 E 不足，就会导致宝宝维生素 E 缺少。另外，需要提醒妈妈们的是，如果宝宝是早产儿、低体重儿，也可能会缺乏维生素 E，因而可以考虑适当增加一些维生素 E 补充剂，以免宝宝发生溶血性贫血。

处在婴幼儿时期的宝宝如果体内缺乏维生素 E，对于身体的负面影响很大，主要表现为神经系统病变（如肌肉无力、平衡与协同改变等）及贫血（多发生在早产儿身上）等。一旦发现宝宝出现了上述情况，爸爸妈妈就应该予以重视，及时给宝宝吃维生素 E 含量丰富的食物。必要时，还可以用维生素 E 补充剂来加以补充。

维生素 E 的食物来源

◎ **植物油：** 是维生素 E 最好的来源，如麦胚油、棉籽油、玉米油、花生油、芝麻油等。

◎ **蔬菜：** 黄绿色蔬菜，均含有丰富的维生素 E，如芹菜、辣椒、西红柿、莴苣、卷心菜等，都是含维生素 E 比较多的蔬菜。

◎ **其他：** 芝麻、核桃仁、瘦肉、乳类、蛋类、大豆、花生、瓜子、动物肝、蛋黄、奶油以及玉米、鱼肝油等食物中，也都含有一定量的维生素 E。而肉鱼类等动物性食品、水果及其他非绿叶蔬菜中，维生素 E 的含量则很少。

如何补充维生素 E

天然维生素 E 广泛存在于各种油料种子及植物油中，谷类、坚果类和绿叶蔬菜中都含有一定量的天然维生素 E。所以，妈妈们只要在平时给予宝宝正常、规律的饮食，就能满足宝宝对维生素 E 的需要了。除非宝宝特别缺乏维生素 E，否则尽量不要服用维生素 E 补充剂。因为超过正常剂量，可能会导致很多不良反应。如宝宝确实需要补充维生素 E，一定要在医生指导下进行。

各种谷类中都含有一定量的天然维生素E，平时适量给宝宝制作谷类辅食，有助于满足宝宝对维生素E的需要。

鸡蛋麦片奶粥

适龄宝宝 13个月以上

材料：鸡蛋 1 个（打散），麦片、牛奶、冰糖、杏仁各适量。

做法：

1. 杏仁、冰糖一起放入搅拌机里打成粉。
2. 锅里放少量水烧开，加麦片煮熟。
3. 加鸡蛋液继续煮至熟后关火，加牛奶和杏仁粉调匀即可。

清炒三丝

适龄宝宝 19个月以上

材料：土豆 1 个，胡萝卜 1/2 根，芹菜 1 小棵，盐、香醋、水淀粉、葱、姜、花椒油各适量。

做法：

1. 土豆、胡萝卜和芹菜洗净切丝，氽烫后晾凉备用。
2. 锅中底油烧热后用葱、姜炝锅，下氽烫好的三丝大火翻炒，烹醋、加盐、勾芡、淋花椒油即可。

什锦沙拉

适龄宝宝 13个月以上

材料：香蕉 1/2 根，苹果、橙子各 1/2 个，沙拉酱适量。

做法：

1. 苹果洗净，香蕉剥皮，橙子剥皮，都切成小块，放入碗中。
2. 淋上沙拉酱，拌匀即可。

牛奶枣粥

适龄宝宝　12个月以上

材料：大米 60 克，红枣 10 克，牛奶 100 毫升，红糖少许。

做法：

1. 大米淘洗干净；红枣去核，洗净。
2. 锅置火上，放入适量水烧开，加入大米煮 25 分钟。
3. 待米烂粥稠时，加入红枣、牛奶、红糖，小火煮 10 分钟即可。

好妈妈喂养经

这款粥和胃健脾，生津滋阴，营养丰富，能为宝宝补充多种维生素、蛋白质等营养素。

银耳鸽蛋核桃糊

适龄宝宝　19个月以上

材料：银耳 8 克，鸽蛋 6 个，核桃仁 15 克，荸荠粉 60 克，白糖少许。

做法：

1. 银耳泡发后加适量水上笼蒸 1 小时，取汁备用。
2. 将鸽蛋煮熟，剥壳备用。
3. 另取碗，放入荸荠粉加水调成粉浆；核桃仁剥皮，炸酥，切碎。
4. 锅内加适量水，放入银耳汁，倒荸荠粉浆，加白糖、核桃仁搅匀成核桃糊，盛入汤盘；将银耳镶在核桃上；鸽蛋镶在银耳周围即可。

维生素K：止血功臣

维生素K：重要的作用

人体虽然对维生素K需要量少，新生儿却极易缺乏。维生素K是促进血液正常凝固及骨骼生长的重要因素，可以保证宝宝体内血液循环正常进行。在宝宝出生后，医生一般都会特别指导爸爸妈妈为宝宝补充维生素K，保证宝宝身体和大脑正常发育。

哪些宝宝需补充维生素K

◎ 患有新生儿出血疾病，如吐血、便血、脐带出血等。

◎ 不正常凝血，导致流鼻血、尿血、胃出血及瘀血等症状。

◎ 低凝血酶原症，症状为血液凝固时间延长、皮下出血。

◎ 慢性肠炎。

哪些食物富含维生素K

深绿色蔬菜及优酪乳是饮食中容易获得的维生素K补给品。牛肝、鱼肝油、蛋黄、鸡肉、乳酪、海藻、菠菜、甘蓝、南瓜、丝瓜、豌豆、香菜、大豆油、藕等日常食物中，都含有丰富的维生素K。

如何给宝宝补充维生素K

前面提到，新生婴儿是容易缺乏维生素K的人群。所以新出生的宝宝在医院会注射维生素K制剂，以预防皮下和颅内出血。稍大一些的宝宝，随着肠道菌群的建立形成，可以自行合成一部分维生素K，再加上母乳或饮食中摄入的部分，就足够满足宝宝所需了。健康的宝宝特别缺乏维生素K的情形很少见，一般无需服用维生素K补充剂。添加辅食后的宝宝注意饮食均衡多样就可以了。

很多食物都是宝宝摄取维生素K的良好补给品，妈妈可以有选择地拿来为宝宝制作辅食。

鸡肉南瓜泥

适龄宝宝 8个月以上

材料：去皮南瓜（研碎）、鸡肉末、虾皮汤各适量。

做法：

1. 往鸡肉末里加入少许虾皮汤煮开，把虾皮捞出切碎。
2. 南瓜末加适量开水煮软，再加入鸡肉末煮片刻，倒入虾皮末煮至黏稠即可。

鸡肉蔬菜粥

适龄宝宝 12个月以上

材料：大米 80 克，鸡胸肉 1 块，芹菜、胡萝卜、青豆、香菇、盐各适量。

做法：

1. 大米用盐和油泡 30 分钟；鸡肉切丁加盐腌渍 10分钟；香菇泡发后与蔬菜分别洗净，切小丁。
2. 锅里大米煮开后续煮 50 分钟至黏稠。倒入鸡肉丁拌匀，加入蔬菜丁煮 7 ~ 8 分钟即可。

丝瓜炒鸡肉

适龄宝宝 12个月以上

材料：丝瓜 50 克，鸡肉 35 克，姜丝适量，盐少许。

做法：

1. 鸡肉洗净，切块；丝瓜洗净、削皮，切小丁；油锅烧热，放入姜丝爆香。
2. 放入鸡肉和丝瓜丁拌炒均匀，焖 2 ~ 3 分钟，将丝瓜丁碾碎后加盐调味即可。

钙：促进骨骼生长

钙是宝宝骨骼中无机盐的主要成分之一，所以为宝宝补充足量的钙非常重要。缺钙的宝宝骨骼的硬度不够，容易弯曲畸形。

宝宝缺钙的危害

宝宝缺钙会出现牙齿松动，肌肉麻木、刺痛和痉挛，易患小儿佝偻病，如鸡胸、O型腿、X型腿等。

钙的食物之源

食物中大都含有不同数量的钙。其中，奶和奶制品中含钙量高且吸收利用率好。所以，纯母乳喂养和纯配方奶喂养的宝宝无须补钙。能吃饭以后的宝宝，首先要保证每天500~600毫升的奶。另外，也可以多选择一些其他含钙量高的食物，如芝麻酱、蚕豆、虾皮、豆制品、鱼子酱、绿叶蔬菜等。

怎样给宝宝补钙

饮食补钙

◎ 对于人工喂养的宝宝，每天饮用配方奶的量只要控制在700 ~ 800毫升，钙的摄入量就可以满足宝宝的需求了。

◎ 6个月以上的宝宝则可以通过食用含钙丰富的辅食来进行补充。

多晒太阳

对于预防缺钙来说，日光照射最为有效，也最安全。通过日光照射皮肤，可以使宝宝体内合成维生素D，维生素D则可以促进身体对食物中钙的吸收。

喂养小提示：如何判断宝宝是否缺钙

宝宝体内缺钙，骨骼的生长发育就会受到影响。妈妈们可以从以下几个方面观察，判断宝宝是否缺钙：

◎精神烦躁：宝宝不听话、爱哭闹、烦躁磨人、不如以往活泼等。

◎睡眠不安：宝宝不易入睡，易惊醒、早醒，醒后哭闹难止。

◎前囟门闭合晚：缺钙宝宝前囟门宽大，闭合延迟。

◎免疫功能差：宝宝容易发生上呼吸道感染、肺炎、腹泻等疾病。

如果宝宝出现以上症状，父母最好带宝宝去检查，以便及时治疗。

猕猴桃炒虾球

适龄宝宝 25个月以上

材料：虾仁 300 克，鸡蛋 1 个，猕猴桃 100 克，胡萝卜 20 克，盐、淀粉各适量。

做法：

1. 虾仁洗净；鸡蛋打散，加入少许盐、淀粉拌匀；猕猴桃剥皮，切成丁；胡萝卜去皮，切成丁。
2. 锅置火上，加油烧热，放入虾仁炒熟，然后加入胡萝卜丁、猕猴桃丁翻炒均匀，浇入拌好的蛋液炒熟，加盐调味即可。

好妈妈喂养经

虾仁蛋白质丰富，钙、铁、磷充足，能促进宝宝生长发育；猕猴桃含维生素 C 丰富，能增加钙、锌、铁的吸收率，增强机体的抵抗力。

鱼菜米糊

适龄宝宝 12个月以上

材料：米粉、鱼肉各 15 克，青菜 25 克，盐少许。

做法：

1. 米粉加适量水浸软，搅拌成糊状，倒入锅中加适量水烧沸。
2. 将青菜、鱼肉分别洗净、剁成泥，一起放入锅中，煮至鱼肉熟透，加盐调味即可。

好妈妈喂养经

鱼肉中富含钙，不仅能够促进宝宝身体发育，还可促进大脑发育，满足身体对多种营养素的需求。而且这款辅食中包含了蔬菜和肉类等食材，搭配合理营养会更丰富，很适合宝宝食用。

虾仁油菜粥

适龄宝宝 8个月以上

材料：油菜 1 棵，大米 1 大匙，虾 1 只。

做法：

1. 大米洗干净加水煮成粥，用研钵捣烂，盛入碗中。
2. 虾去头、去皮，挑除泥肠，放入锅中煮熟，捞出，研磨成泥状。
3. 油菜汆烫后捞出研磨成泥，用细滤网滤取菜汁。
4. 将虾泥、菜汁加入粥中拌匀即可。

虾皮小白菜粥

适龄宝宝 8个月以上

材料：虾皮 5 克，小白菜 50 克，大米 40 克，鸡蛋 1 个。

做法：

1. 虾皮用温水洗净、泡软，切碎末。
2. 鸡蛋炒熟弄碎；小白菜洗净略汆烫，捞出切碎。
3. 大米熬成粥，放入虾皮末、碎白菜末、鸡蛋碎，略煮 2 分钟即可。

草莓羊奶糊

适龄宝宝 12个月以上

材料：草莓 150 克，羊奶 1 杯，乳酪适量。

做法：

1. 草莓洗净、沥干，去蒂后切碎。
2. 将切好的草莓放入榨汁机内，加入羊奶和乳酪搅打均匀即可。

什锦虾仁蒸蛋

适龄宝宝 30个月以上

材料：虾仁 60 克，青豆 1 大匙，鲜香菇 1 个，鸡蛋 1 个，豆腐 40 克，柴鱼高汤 2 大匙。

做法：

1. 虾仁去除泥肠，洗净后切小丁；香菇去根，切小丁；豆腐切丁。
2. 鸡蛋打散，加入柴鱼高汤拌匀，再放入其他材料，放入蒸锅中，加入适量水蒸熟即可食用。

这款配餐能够充分满足宝宝身体发育对钙的需求。

蛋黄豌豆糊

适龄宝宝 6个月以上

材料：豌豆 100 克，熟蛋黄 1 个，大米 50 克。

做法：

1. 豌豆去掉豆荚，剁成豆蓉。
2. 熟蛋黄压成泥。
3. 大米洗净，浸泡 2 小时，连水、豌豆蓉一起煲成半糊状，拌入蛋黄泥煮约 5 分钟即可。

好妈妈喂养经

◎制作此糊时，将米、豆煮烂成泥为佳。

◎这款辅食含有丰富的钙质和碳水化合物、维生素 A、卵磷脂等营养素，是宝宝补充钙质的良好来源。

铁：宝宝的天然造血剂

铁是血红蛋白里很重要的成分，它参与血红蛋白的构成与氧的携带，为整个身体供氧。因此，妈妈们平时要给宝宝补充充足的铁质，保证其身体发育的需要。宝宝出生后，体内会储存一定的铁，暂时可以满足宝宝的生长发育所需。但当宝宝长到6个月时，其体内储存的铁已经耗尽，而此时宝宝正处在生长发育的快速阶段，需要大量的营养，这个时候需要及时给宝宝补充铁质，以保证宝宝的需求。

宝宝缺铁的症状

研究表明，宝宝长期贫血容易造成缺氧，而大脑缺氧则会影响宝宝的智力发育，使宝宝智力发育迟缓，会比同龄宝宝智商低，而且会影响脏器，如胃肠道出现功能障碍，影响消化吸收，进而影响宝宝的生长发育，使宝宝发育迟缓、个头矮小。

如何给宝宝补充铁元素

药剂补铁

宝宝贫血，食欲就会受到影响。所以，妈妈发现宝宝贫血后，首先应请医生用药物进行治疗，纠正宝宝贫血，并严格遵照医嘱合理用药。但要注意，不能给宝宝补充过量铁剂。铁剂摄入过量会影响其他元素的吸收，如钙、锌等；铁补充过多还会影响宝宝胃肠道功能，出现恶心、呕吐等，也可造成宝宝便秘。

食物补铁

在日常食物中，含铁量高且吸收率好的食物主要是红色瘦肉，如猪、牛、羊肉；动物肝，如猪肝、鸡肝、鸭肝等；动物血，如猪血、鸡血、鸭血等。还有一些植物性食物，如海带、紫菜、黑木耳、菠菜等含铁量也比较高，但不易被人体吸收。所以给宝宝补铁首选动物性食物。含铁高的植物性食物也可以作为辅助的补铁食物。含维生素C的新鲜蔬菜和水果可促进植物性食物中铁的吸收。

芹菜煲兔肉

适龄宝宝 30个月以上

材料：兔肉块、芹菜段各200克，水发黑木耳、水发冬菇各30克，姜片、葱段、盐、白糖、蚝油、水淀粉、香油各适量。

做法：

1. 兔肉块中加盐、水淀粉腌渍半小时；黑木耳洗净，撕小朵；冬菇洗净，切片。
2. 锅置火上倒入油，下姜片、冬菇、黑木耳、蚝油、兔肉块炒香，加入水，放入盐、白糖、香油，中小火烧煮30分钟，放入芹菜段，用水淀粉勾芡，撒入葱段即可。

茄子炒牛肉

适龄宝宝 20个月以上

材料：茄子250克，牛肉150克，青椒、红椒各50克，高汤、沙茶酱、水淀粉、蒜末、香油、姜各适量。

做法：

1. 茄子洗净，切厚片；牛肉洗净，切片，入沸水中汆烫，捞出，沥水，备用；青椒、红椒分别洗净，切片；姜洗净，切片。
2. 烧锅下油，放入茄子片煎至两面浅金黄色，出锅滤去余油。
3. 烧锅下油，放入蒜末、青椒片、红椒片，加入牛肉片、高汤、沙茶酱、水淀粉、香油、姜片滑炒至熟，再放入茄子片炒匀，用水淀粉勾芡即可。

滑子菇肉丸

适龄宝宝 25个月以上

材料：滑子菇250克，猪肉泥、胡萝卜片、盐、面粉、姜片、清汤、葱花各适量。

做法：

1. 滑子菇洗净，猪肉泥加盐、面粉做成肉丸子。
2. 油锅烧热炝姜，注入清汤烧沸后下肉丸煮熟，放滑子菇、胡萝卜片调盐煮透，撒入葱花即可。

黑木耳煲猪腿肉

适龄宝宝 30个月以上

材料：猪腿肉块300克，水发黑木耳40克，红枣10克，桂圆、姜片、枸杞各5克，清汤、盐各适量。

做法：

1. 黑木耳洗净撕小朵，红枣、桂圆、枸杞分别洗净，猪腿肉块入沸水中汆烫。
2. 猪腿肉块、黑木耳、红枣、桂圆、枸杞、姜片、清汤煲2小时，调盐再煲15分钟即可。

猪肝炒碎菜

适龄宝宝 13个月以上

材料：猪肝末25克，菠菜1棵。

做法：

1. 菠菜择洗干净，入沸水中汆烫片刻，沥干，切碎。
2. 锅内热油，加入猪肝末翻炒至半熟，再加入菠菜碎和少量水烧熟即可。

樱桃糖水

适龄宝宝 8个月以上

材料：樱桃 100 克，白糖 3 小匙。

做法：

1. 樱桃洗净，去蒂、核，放入锅内，加入白糖及适量水，小火煮烂，备用。
2. 将樱桃搅烂，倒入小杯内晾凉即可。

好妈妈喂养经

樱桃在水果中属于铁含量高的，同时也富含维生素 C，所以可以作为补铁的辅助食物。这款辅食颜色漂亮，口味好，为宝宝提供营养的同时，也是宝宝喜爱的小甜食或加餐。

菠菜鱼肉泥

适龄宝宝 7个月以上

材料：鱼肉、菠菜叶各适量。

做法：

1. 鱼肉去皮、骨，放入沸水中氽烫至熟，捣碎成泥。
2. 菠菜叶洗净，煮熟后捣成泥。
3. 将鱼肉与菠菜泥混合均匀即可。

好妈妈喂养经

菠菜含有铁及多种维生素；鱼肉富含蛋白质、钙等营养物质，二者搭配，不但能为宝宝补充铁，预防缺铁性贫血，还能补钙，强壮宝宝骨骼。

锌：提高宝宝的智力

妈妈们应该注意，日常饮食应多给宝宝食用富含锌的食物，因为锌是人体不可缺少的微量元素，对于宝宝的生长发育至关重要。锌参与人体内许多酶的组成，与DNA、RNA和蛋白质的合成有密切的关系，对维持维生素的正常代谢、保持正常的味觉、促进宝宝生长发育等，都有特别重要的作用。宝宝缺锌不仅会导致生长发育停滞，更严重的是，还可能会影响宝宝智力的发育。

宝宝缺锌的症状

◎ 生长停滞。
◎ 厌食，没有胃口。
◎ 消化功能差，经常口腔溃疡。
◎ 头发枯黄、稀疏或脱落。
◎ 体质虚弱，爱生病。

这些食物有“锌”

很多食物中都富含锌，例如，动物性食物中的牛肝、猪肝、牛肉、猪肉、禽肉、鱼、虾、牡蛎等，植物性食物中的口蘑、银耳、香菇、花生、黄花菜、豌豆、黄豆、红豆、黑豆，全谷物制品等。不过，综合比较，肉类和海产品中的有效锌含量要比蔬菜高。

宝宝补锌有技巧

母乳或含锌乳品喂养

母乳中锌的生物效能要比牛奶高，因此母乳喂养是预防缺锌的好途径。如果妈妈的母乳不足，可以使用配方奶粉，一般都含有适量的锌。

多食用锌含量高的食物

由于动物性食物含锌量普遍高于植物性食物，而且吸收利用率也高，所以，妈妈们在给宝宝做辅食时，要注意把动物性食物和植物性食物搭配在一起，来给宝宝做补锌餐。另外，平时还应注意培养宝宝良好的饮食习惯。宝宝不挑食、不偏食，补锌效果会更好。

药剂补充

如果发现宝宝表现出明显的锌缺乏症状，妈妈应在医生的指导下用补锌剂来给宝宝补充锌元素，千万不能自己随意购买补锌剂，以免对宝宝造成伤害。

苹果鱼泥

适龄宝宝 6个月

材料：鱼肉、苹果各适量。

做法：

1. 鱼肉放入耐热容器中淋适量水，用保鲜膜封起，扎几个小洞放入微波炉中加热，取出捣碎。
2. 苹果磨成泥，与捣碎的鱼肉一起放入锅里煮片刻即可。

好妈妈喂养经

◎苹果富含膳食纤维，可帮助宝宝缓解便秘症状。
◎这道配餐可有效提高宝宝的免疫力，降低宝宝患病的几率。

牛肉甘薯泥

适龄宝宝 6个月

材料：牛肉50克，高汤3大匙，甘薯粉少许。

做法：

1. 锅里加水烧沸，放入牛肉略煮一下，取出牛肉，捣烂。
2. 将捣烂的牛肉和高汤一起放入锅里煮，用开水溶解甘薯粉，加入煮牛肉的锅中，勾芡成泥状即可。

好妈妈喂养经

牛肉中锌的含量很丰富，可以增强宝宝的抵抗力。这道牛肉泥可以使宝宝更聪明，但也不能多吃，每次食用要适量。

南瓜鱼汤

适龄宝宝 11个月以上

材料：南瓜 80 克，柴鱼高汤适量，圆白菜叶 60 克，水淀粉少许。

做法：

1. 南瓜洗净，去皮，切小丁。
2. 圆白菜叶洗净，切小片。
3. 将柴鱼高汤倒入锅中以小火煮开，放入所有蔬菜煮至熟透，淋入水淀粉勾芡即可。

好妈妈喂养经

南瓜是富含锌和 B 族维生素的食物，宝宝吃南瓜能保持神经细胞能量充沛。

牡蛎鲫鱼菜汤

适龄宝宝 25个月以上

材料：鲫鱼 400 克，豆腐、青菜叶各适量，姜、葱、鸡汤、牡蛎粉各适量，酱油、盐各少许。

做法：

1. 鲫鱼去鳞、腮、内脏，洗净；豆腐切小丁；姜切片；葱切末；青菜叶洗净。
2. 把酱油、盐抹在鱼身上，放入炖锅内，加鸡汤、姜、葱和牡蛎粉烧沸。
3. 加入豆腐丁，用小火煮 30 分钟后，下入青菜叶即成。

好妈妈喂养经

鲫鱼肉质细嫩，肉味甜美，营养价值很高，偶尔给宝宝食用有滋补作用。

硒：让宝宝身体更健康

硒：与宝宝的健康息息相关

硒是人体重要的微量元素之一，虽然含量不多，但与宝宝的健康息息相关。硒的抗氧化作用很强大，能阻断活性氧和自由基的致病作用，所以体内硒含量的高低直接影响到机体的抗病能力。另外，母乳中硒的含量基本可以满足宝宝生长发育的需要，如果不能母乳喂养，建议选择合适的配方奶，也不会造成宝宝缺硒。

宝宝缺硒的症状

宝宝缺硒会出现精神委靡，易患心肌炎和假白化病，易感染消化道和呼吸道疾病，易发生大骨节病，易出现牙床无色、皮肤和头发无色素沉着等现象。

含硒食物有哪些

◎蔬菜：金花菜、荠菜、苋菜、蒜、豌豆、大白菜、南瓜、韭菜、金针菇、草菇、平菇、香菇等。

◎谷物：燕麦、大麦、全麦面粉等。

◎动物性食物：羊肉、猪肉、动物内脏、牛奶、虾、青鱼、沙丁鱼、带鱼、黄鱼等。

饮食补硒效果好

对于宝宝来说，只要定期食用天然食物，硒供应量就应该足够，妈妈不用给宝宝食用补硒药剂，更不宜长期大量给宝宝食用“高硒蛋”。在宝宝的辅食中适量添加补硒的食材，就能够满足宝宝发育所需的硒元素，增强免疫力。

喂养小提示：硒对宝宝眼睛发育有益处

弱视、近视等眼病的发生，主要是眼内自由基攻击晶状体，使蛋白质凝固，在晶状体内堆积沉淀，最终导致晶状体混浊，引发各种眼疾。硒有很好的抗氧化能力，能清除晶状体内的自由基，使晶状体保持透明状态。所以，妈妈们应经常给宝宝制作补硒辅食。

豌豆瓜皮粥

适龄宝宝 11个月以上

材料：粳米 100 克，西瓜皮、豌豆各适量。

做法：

1. 豌豆洗净，用温开水浸泡至软，与粳米一同放入锅中。
2. 西瓜皮去掉外皮，切小块。
3. 锅中加适量水，用小火熬煮至豌豆烂熟，放入西瓜皮块，继续煮 10 分钟即可。

好妈妈喂养经

宝宝在夏天的时候吃这款粥，既可以补硒，又可以解暑。

紫米红枣粥

适龄宝宝 13个月以上

材料：紫米、红枣各适量，白糖 1 小匙，椰浆少许。

做法：

1. 紫米洗净后放入锅中，加入适量水煮烂。
2. 红枣倒入沸水中煮 3 分钟，去皮研泥。
3. 将煮烂的紫米与红枣拌好，加入白糖及椰浆即可。

好妈妈喂养经

选购紫米时应注意，优质紫米外观色泽光亮，紫色均匀地包裹整颗米粒；用指甲刮除色块后米粒色泽和大米一样。这样的紫米更适合宝宝吃。

碘：预防甲状腺疾病

碘对宝宝的智力发育和身体发育都有关键作用。在宝宝的身体发育方面，碘是合成甲状腺激素的重要成分，如果宝宝摄入碘的含量不足，必然会影响甲状腺激素的分泌。通常，缺碘会造成小儿甲状腺功能减退，引起克汀病和甲状腺肿大。而在脑发育方面，甲状腺激素又是人脑发育所必需的内分泌激素，所以如果宝宝缺碘，还会进一步影响宝宝的大脑发育，使宝宝的智力发育受到不良影响。

宝宝缺碘的危害

◎ **易引起克汀病：** 主要影响胎儿期和婴儿期的宝宝。身体方面的主要症状有：身材矮小、发育迟缓、上半身比例大，有黏液性水肿，皮肤干燥粗糙，面容呆笨，鼻梁塌陷，两眼间距宽，舌头经常伸出口外等；智力发育方面的主要症状有：听力、语言和运动障碍，智力低下，甚至出现聋哑、精神失常等症状。

◎ **引发甲状腺肿大：** 主要影响婴儿期以上年龄的宝宝。甲状腺肿大俗称大脖子病，会出现吞咽困难、气促、声音嘶哑、精神不振等症状。

科学补碘有妙招

缺碘重在预防，科学的饮食能够使宝宝摄入适量的碘，防止宝宝缺碘病症的发生。在日常饮食中，妈妈们要注意，让宝宝食用一些海带、紫菜、海鱼、虾等富含碘的天然食物；在烹调食物时，坚持用合格的碘盐，并正确使用碘盐；对于还不能吃辅食的宝宝，则要选择较好的配方奶粉，以保证宝宝对碘等多种营养元素的摄入。

但是，碘摄入过高时，也会引起高碘甲状腺肿。这一点，妈妈们同样需要注意。

喂养小提示：饮食不当，易引起宝宝缺碘

宝宝缺碘既有先天因素，也有后天因素。先天缺碘的原因在于胎儿期母体缺碘导致宝宝出生后缺碘；后天缺碘的原因则在于宝宝出生后饮食摄入碘不足，包括母乳含碘不足和辅食含碘不足。但无论是先天缺碘还是后天缺碘，除去地方性缺碘的情况外，主要是由于饮食搭配不合理、烹饪不科学造成的，如做菜时习惯将盐直接放入油锅爆炒，就很容易造成碘挥发，造成饮食中含碘量低。

橘皮菜丝

适龄宝宝 19个月以上

材料： 干海带、大白菜各150克，干橘皮、香菜段、白糖、香醋、酱油、香油各适量。

做法：

1. 先将干海带放在锅里煮20分钟，捞出备用。
2. 海带和大白菜均切丝，放在盘内，加酱油、白糖和香油，撒上香菜段。
3. 干橘皮用水泡软，捞出后剁成碎末，放入碗里加醋搅拌，橘皮液倒入盘中拌匀即可。

好妈妈喂养经

海带的碘含量丰富，大白菜含有丰富的维生素，能为宝宝补充碘和维生素。

紫菜猪肉汤

适龄宝宝 19个月左右

材料： 紫菜30克，熟猪肉、玉兰片、水发冬菇、胡萝卜各15克，豌豆10粒，盐、鸡油、清汤各适量。

做法：

1. 胡萝卜去皮切片，氽烫后沥干；熟猪肉切片；玉兰片切小薄片；紫菜泡发，洗净沥干，放在汤碗中；冬菇洗净去蒂，切片。
2. 锅置火上，加清汤，煮沸后放入除紫菜以外的所有材料煮5分钟，撇去浮沫，加盐、鸡油搅匀，倒入紫菜汤碗中即成。

好妈妈喂养经

紫菜含有丰富的碘，而且维生素和蛋白质含量也很高，可为宝宝全面补充营养。

卵磷脂：高级神经营养素

卵磷脂是人体组织中含量最高的磷脂，集中存在于神经系统、血液循环系统、免疫系统及心、肝、肺、肾等重要器官中。尤其重要的是，在众多营养素中，卵磷脂对大脑及神经系统的发育起着非常重要的作用，是构成神经组织的重要成分，有“高级神经营养素”的美称。对处于大脑发育关键时期的宝宝来说，卵磷脂是非常重要的益智营养素，必须保证充足的供给。

卵磷脂对宝宝的重要性

保护心脏、肝脏

卵磷脂能降低血液中的胆固醇，促进肝细胞再生，因而可以起到保护宝宝心脏和肝脏的作用。

促进宝宝智力发育

卵磷脂能够为脑细胞膜提供丰富的养料，从而保障大脑细胞膜的正常功能，促进大脑神经系统与脑容积的增长、发育。宝宝如果缺乏卵磷脂，会导致脑神经细胞膜受损，造成脑神经细胞代谢缓慢，智力发育就会受限制，还可能导致大脑免疫及再生能力降低，易生病。此外，卵磷脂还是神经细胞间信息传递介质的重要来源，充足的卵磷脂可提高信息传递的速度及准确性，并促使信息通道进一步建立和丰富，提高大脑活力，体现为思维敏捷、学习能力强。

饮食补充卵磷脂的方法

辅食要多样化

卵磷脂广泛存在于多种食物当中。这就要求妈妈为宝宝准备的辅食要多样化，而且不能让宝宝养成偏食、挑食的坏习惯。宝宝最好食用各种食物，才有利于卵磷脂的摄取。

多补充富含卵磷脂的食物

日常食物中，蛋黄、核桃、坚果、大豆、肉类、动物内脏等，都是给宝宝补充卵磷脂的良好食材。其中，蛋黄中卵磷脂含量很高，不仅能促进宝宝脑细胞的发育，还能为宝宝身体发育提供必需的重要营养素；大豆制品中丰富的大豆卵磷脂，则能为宝宝的大脑发育提供营养素，还可以保护宝宝的肝脏。所以，妈妈平时应多给宝宝补充这些富含卵磷脂的食物。

妈妈给我做了好多美味的食物，你看我现在多聪明，都会自己照镜子。

黄豆山楂汤

适龄宝宝 25个月以上

材料：黄豆30克，山楂3个。

做法：

1. 将黄豆、山楂分别洗净，备用。
2. 锅内倒入适量清水，加入黄豆、山楂，以小火煎成半碗即可。

好妈妈喂养经

这款配餐具有清热生津、利咽喉、助消化的作用，可用于预防扁桃体炎。妈妈应根据宝宝实际情况，遵医嘱后再给宝宝喂食。

腰果二豆奶糊

适龄宝宝 6个月以上

材料：腰果35克，青豆100克，土豆90克，婴儿配方奶90毫升。

做法：

1. 青豆洗净，沥干；土豆洗净，去皮，切小丁，备用。
2. 锅内水煮开，放入青豆、土豆丁和腰果煮至熟透、软烂，加婴儿配方奶拌匀即可。

好妈妈喂养经

腰果的卵磷脂、无机盐和维生素含量丰富，做成细泥后，可以给宝宝补充充足的营养，促进宝宝大脑及神经系统的发育。

芝麻鸡蛋肝片

适龄宝宝 19个月以上

材料：猪肝50克，鸡蛋半个（取蛋液），黑芝麻20克，面粉10克，葱末、姜末、盐各适量。

做法：

1. 将猪肝洗净切薄片，用盐、葱末、姜末腌渍好，粘上面粉、鸡蛋液和黑芝麻。
2. 锅内热油，放入猪肝片，加少许盐炸透即可食用。

好妈妈喂养经

这款配餐营养丰富，含有较全面的营养素。其中，鸡蛋含丰富的卵磷脂，是健脑食品；芝麻也有健脑作用。宝宝常食此菜，能获得较丰富的营养，有利于大脑发育。

丝瓜松仁汁

适龄宝宝 6个月以上

材料：松仁5克，丝瓜1/4个，薯片2片。

做法：

1. 松仁泡水30分钟，放入榨汁机内加适量水打烂，滤渣取汁。
2. 丝瓜洗净刮皮，切薄片。
3. 锅里加入适量水，将薯片、丝瓜片放入煮10分钟，再放入松仁汁续煮2分钟，取汁当水来给宝宝喂食即可。

好妈妈喂养经

坚果中含有丰富的卵磷脂，对宝宝智力的发育有好处。丝瓜含维生素C、胡萝卜素、钙及磷等多种营养素，可使宝宝身体更健康。

DHA和ARA：宝宝的“脑白金”和“健力宝”

DHA（二十二碳六烯酸，俗称脑黄金）和ARA（花生四烯酸）是两种重要的营养素，对大脑发育有着重要作用。其中，DHA是中枢神经系统的重要成分，在宝宝的脑组织内高度聚集。人脑的组成部分主要是脂类，有一半的脂类是由LCPUFA（长链多不饱和脂肪酸）组成，而其中最主要的就是DHA和ARA。DHA是大脑和视网膜的重要构成成分，可以促进神经细胞发育，改善人体记忆功能。ARA则是宝宝体格发育的必需营养素，对于正处于黄金生长期的宝宝来说，在饮食中摄取一定量的ARA，更有利于智力和体格的发育，所以一定要注意给宝宝补充DHA和ARA。

缺乏DHA与ARA可能引发的症状

◎ 生长发育迟缓。
◎ 皮肤异常。
◎ 失明。
◎ 智力障碍。

DHA与ARA的食物来源

DHA和ARA这两种营养素主要存在于蛋类食物及动物性食物中，如鸡蛋、猪肝、肉类、鲑鱼、大比目鱼、大青花鱼、鲈鱼、沙丁鱼等。其中，鸡蛋、猪肝及肉类含ARA比较丰富，是为宝宝补充ARA的主要食物来源。

补充DHA和ARA要科学

重视母乳喂养的重要性

母乳中含有的DHA和ARA均衡且丰富，有助于宝宝大脑正常地发育。但如果妈妈因为种种原因无法进行母乳喂养，而选择用婴儿配方奶粉哺喂宝宝时，应该选择含有适当比例DHA和ARA的奶粉，这样才能避免宝宝缺乏这两种物质。

必要时可以使用膳食补充剂

如果宝宝因为过敏或其他原因长时间不能吃鱼类，可以为宝宝选用含有DHA和ARA的婴儿配方奶粉，也可以适当使用婴儿专用的DHA膳食补充剂。但使用膳食补充剂够量就好，不宜过多。

辅食要丰富多彩

妈妈们制作宝宝的辅食时要多选择含DHA和ARA的食物，如深海鱼类、瘦肉、鸡蛋及猪肝等。值得注意的是，DHA和ARA易氧化，最好与富含维生素C、维生素E及β-胡萝卜素等有抗氧化作用的食物同食。

金枪鱼沙拉

适龄宝宝 19个月以上

材料：金枪鱼 70 克，圆生菜、黄瓜、胡萝卜、小西红柿各适量，沙拉酱 1 小勺。

做法：

1. 金枪鱼蒸熟，再用刀背拍松。
2. 将其他材料用冷开水清洗，沥干水分后切丝。
3. 将所有材料用沙拉酱拌匀即可食用。

萝卜鱼肉泥

适龄宝宝 13个月以上

材料：新鲜鱼肉 50 克，白萝卜泥 30 克，葱花、盐、水淀粉、高汤各少许。

做法：

1. 将高汤倒锅中煮开，放入鱼肉煮熟。
2. 把煮熟的鱼肉压成泥状，和白萝卜泥一起放入锅内煮沸。用水淀粉勾芡，撒盐、葱花即可。

沙丁鱼橙泥

适龄宝宝 6个月

材料：沙丁鱼、橙子各适量。

做法：

1. 沙丁鱼洗净，去骨、皮；橙子去皮，研磨成泥。
2. 将沙丁鱼肉、橙泥一同放入锅中煮熟，捞出后放入碗中捣碎即可。

PART 14

特色辅食：量身定制，为宝宝成长护航

辅食对宝宝来说是一场饮食革命，
自制辅食更加贴心，
不仅营养丰富，还花样繁多，
只要宝宝想要，怎么做都行！
不呆板的辅食，宝宝才爱吃！

过敏宝宝的辅食添加方法

宝宝为什么会食物过敏

过敏性疾病为多基因遗传并受环境影响。也就是说，导致宝宝容易发生过敏的原因是遗传因素、环境因素和过敏原共同存在和影响的结果。父母一方或双方有过敏性疾病是宝宝容易过敏的重要危险因素，有过敏家族史的宝宝过敏的发生率会增加。此外，环境因素，包括饮食中的过敏原，如牛奶蛋白、大豆、小麦、坚果、海鲜等，以及环境中的空气污染、吸烟等，也容易引起宝宝发生过敏性疾病。

宝宝对食物过敏的症状

◎ 憋气、刺激性咳嗽、流清水鼻涕。
◎ 恶心、腹胀、腹泻、口臭、打嗝。
◎ 注意力不集中。
◎ 视物模糊、眼睑浮肿、眼结膜充血、流泪。
◎ 湿疹、荨麻疹、皮肤干燥、黑眼圈。
◎ 外生殖器水肿、瘙痒。

对食物过敏的宝宝如何添加辅食

按照正确方法和顺序添加

给宝宝添加辅食时，应先加谷类等主食，再加蔬菜和水果，然后是肉类。添加时应注意循序渐进，每添加一种新的食物，应先以少量开始，慢慢增加喂食量及次数。如果宝宝几天后也没有出现任何不良反应，才可以继续添加其他种类的辅食。

找出过敏原，保持膳食平衡

找出引起宝宝过敏的食物，严格避免进食这种食物，是目前治疗宝宝食物过敏的最佳方法。妈妈们要通过日常观察，找出可能导致宝宝过敏的食物，将其从宝宝的食谱中剔除或用其他食物替代，以保持宝宝的膳食平衡。

少给宝宝吃抗原性高的食物

宝宝月龄很小时，妈妈们要尽量少给宝宝食用抗原性高的食物，如蛋清、海鲜、贝类、坚果等。可以等宝宝满 8 个月后再尝试由少至多添加，同时注意观察宝宝有没有过敏的症状出现。

注意观察宝宝的表现

给宝宝添加辅食期间，要细心观察宝宝是否出现皮疹、腹泻等不良反应，如果出现就必须及时暂停喂食这种食物。确定宝宝对该食物过敏，以后就要避免再次进食。

鸡蓉豆腐羹

适龄宝宝　13个月以上

材料：鸡肉25克，胡萝卜50克，豆腐400克，鸡蛋清、鸡汤各适量，盐、水淀粉各少许。

做法：

1. 鸡肉剁成蓉，加入水、盐、鸡蛋清拌成薄糊状；胡萝卜削皮煮熟剁泥；豆腐切丁。
2. 炒锅烧热，放入鸡汤，加盐烧开，放入鸡肉蓉、胡萝卜泥、豆腐丁，烧开后去除浮末，用水淀粉勾芡出锅即可。

好妈妈喂养经

切豆腐要小心，因为它易碎，刀两面沾水会更好切。

鲜美鸭肉汤

适龄宝宝　19个月以上

材料：鸭胸脯肉250克，胡萝卜、土豆各25克，青豆20克，鸡蛋清、鲜汤、香油、盐、水淀粉各适量。

做法：

1. 鸭胸脯肉去皮，剁成肉泥，加盐、鸡蛋清、水淀粉拌匀，放在盘中入锅蒸熟后切丁。
2. 土豆、胡萝卜分别刨皮，切成丁；青豆剁成碎粒；将土豆丁、胡萝卜丁、青豆碎丁一起入锅煮熟，再加入鲜汤、鸭肉丁一起煮沸，加盐、水淀粉勾芡，淋数滴香油即可喂食。

好妈妈喂养经

鸭肉汤清火、不油腻、温补、营养好，用砂锅煮味道更鲜美。

奶油银耳炒西兰花

适龄宝宝 20个月以上

材料：西兰花100克，银耳50克，奶油、鸡油、盐、料酒、水淀粉各适量。

做法：

1. 将银耳用温水充分泡发，去根，洗净，汆烫，捞出，沥干；西兰花洗净，切小块，用沸水烫熟，捞出过凉水。
2. 锅置火上，放入适量清水，下奶油、料酒，调好口味，放入银耳炒2~3分钟，放入西兰花块翻炒至将熟后，再放盐，翻炒片刻后用水淀粉勾芡，淋上鸡油，炒匀即可。

酿西红柿

适龄宝宝 18个月以上

材料：西红柿1个，细猪肉末、洋葱丁各1大匙，青豆仁数粒，奶酪丝1小匙，淀粉半小匙，清高汤2大匙。

做法：

1. 洋葱丁、肉末、淀粉及清高汤拌匀，即为馅料。
2. 西红柿洗净，去蒂，切一平刀口，在尾端切掉1/3，挖去籽，做成容器状。
3. 将馅料填入，青豆仁置于上面，撒入奶酪丝后，上锅蒸20分钟。
4. 待奶酪蒸至融化，即可取出喂食。

时蔬杂炒

适龄宝宝 25个月以上

材料：土豆300克，蘑菇100克，胡萝卜50克，山药20克，水发黑木耳、高汤、香油、水淀粉、盐各适量。

做法：

1. 所有材料均洗净切成片。
2. 炒锅放油烧热，加入胡萝卜片、土豆片和山药片煸炒片刻。
3. 放入适量高汤烧开，再加入蘑菇片、黑木耳片和盐调味，烧至材料酥烂，用水淀粉勾芡，淋上少许香油即成。

好妈妈喂养经

蘑菇类所含的胰蛋白酶、麦芽糖酶有助于食物的消化。

五彩鸡丝

适龄宝宝 19个月以上

材料：鸡胸肉200克，香菇丝、胡萝卜丝、青椒丝各30克，鸡蛋2个（1个取蛋清），高汤、盐、水淀粉各适量。

做法：

1. 鸡胸肉切丝，加盐、蛋清、水淀粉拌匀。
2. 锅内放油，将鸡蛋摊成蛋皮，晾凉后切成丝；将所有材料下锅煸炒一下备用。
3. 锅内加入高汤，大火烧开，放入煸炒过的材料烧开后加盐调味，用水淀粉勾芡盛入盘中即可。

好妈妈喂养经

这道菜有清热去火、降低胆固醇的效果。

“小胖墩儿”也能享美食

如何判断宝宝是否肥胖

年龄测量体重法

这种方法主要是以宝宝的实际月龄或年龄为基础，再运用下面的计算公式计算出宝宝体重的。2—12 岁宝宝的标准体重计算公式为：体重（千克）= 年龄（岁）×2+8。

计算体重指数BMI法

对于年龄或月龄相当的婴幼儿，体重也许有很大差别，因此只根据年龄测量体重的方法可能有局限性。这样看来，判断宝宝是否超重一定要对照同性别宝宝身高体重的正常标准。通常，可采用计算体重指数 BMI 法来测量宝宝的体重是否属于正常范围。这是世界各国正在采用的一种新的指标。具体公式为：体重指数（BMI）= 体重（千克）/ 身高（米）^{2}。0—5 周岁宝宝的 BMI 正常值范围为 13.3 ～ 17.3。

导致宝宝肥胖的元凶

肥胖发生的原因一般分为两大类：单纯性肥胖和继发性肥胖。前者为能量摄入过度所导致的，而后者则因某些疾病而引起，如库欣综合征等。绝大部分的肥胖都属于单纯性肥胖，对于婴幼儿来说更是如此。

如果宝宝有比较严重的肥胖，建议先去医院进行检查评估，以判断是否为疾病所引起的肥胖。如果是疾病导致，则应首先治疗原发病，当疾病得以控制后，肥胖的症状就会自行缓解或消除。如果排除了疾病的原因，则宝宝肥胖就属于单纯性肥胖。

单纯性肥胖的宝宝主要是因为能量摄入高于消耗，具体原因：一是遗传因素，如家长一方或双方肥胖，则宝宝就容易肥胖；二是过度喂养，家长总是怕宝宝吃得不够，让宝宝摄入过量的食物；三是饮食不健康，吃太多高糖高脂的食物，如油炸食品、肥肉、糖果、甜食、含糖饮料等；四是运动量不足，活动时间不够等。此外，睡眠不足的宝宝也可能容易发生肥胖。

单纯性肥胖的宝宝，调整饮食及生活方式就能够得到很好的纠正。适当控制宝宝的进食量，为宝宝选择合适的食物种类，带宝宝多参加身体活动和运动，一定会取得很好的效果。

妈妈不要随意给宝宝服用补品，而应用日常饮食来为宝宝补充营养，以免引起宝宝过度肥胖。

肥胖对宝宝的危害

肥胖不但是宝宝身体的健康隐患，对宝宝心理也会造成不良影响。更重要的是，这种肥胖还可能延续到宝宝成年以后，从而造成更大的健康危害。因此，爸爸妈妈应充分重视，谨防肥胖危害宝宝的健康。

肥胖对宝宝身心健康的危害主要有：

◎ 导致免疫功能低下。

◎ 易患呼吸道疾病。

◎ 易患消化系统疾病。

◎ 易有高胰岛素血症，易患糖尿病。

◎ 易发生血脂异常。

◎ 易诱发脂肪肝。

◎ 重度肥胖宝宝的智商比同龄非肥胖宝宝要低 8 ~ 15 分。

◎ 宝宝因肥胖而行动迟缓，在与同龄宝宝交往时易产生自卑感而不和谐，久之会出现孤独、自闭等心理障碍。

◎ 易出现性早熟。

应对宝宝肥胖的良策

养成良好的饮食习惯

妈妈每次给宝宝喂食时，先让宝宝吃蔬菜、水果，然后喝汤，最后再吃主食。吃饭时要让宝宝细嚼慢咽；不要让宝宝有饥饿感，以免因饥饿而摄入更多的食物；不要让宝宝餐后立刻就去睡觉，最好先让宝宝玩一会儿，然后再去睡觉。这样可以避免宝宝肥胖。

饮食均衡合理

妈妈给宝宝提供的食物种类要丰富，而且比例要合理。要让宝宝吃到各种各样的食物，包括瘦肉、鱼、虾、禽、蛋等动物蛋白质以及各种蔬菜、水果和奶制品等。同时，应避免让宝宝摄取过多的饮料、零食，尤其是甜点、糖果、干果、奶油、油炸食品等高热量食物。

此外，也不要让宝宝乱服补品。如没有特殊情况，一般都不应给宝宝服用补品，以免造成肥胖。

增加活动量

宝宝 1 周岁前，爸爸妈妈应坚持每天给宝宝做被动运动，如抚触、婴儿操等。等宝宝能自己活动后，就可通过游戏来引导宝宝主动运动了。在此过程中，爸爸妈妈要积极和宝宝一起锻炼，这样会调动他的兴趣，也能更好地掌握宝宝的运动量，并帮助其养成爱运动的好习惯。

喂养小提示：给宝宝测量体重的注意事项

◎ 1 岁以内的宝宝最好每月测量 1 ~ 2 次体重。

◎ 最好在宝宝排空大小便后及空腹的情况下进行测量。

◎ 爸爸妈妈最好常备一个电子体重秤，按照以上方法，计算出宝宝的体重是否正常，并及时采取行之有效的纠正方法。

◎ 给宝宝测量身高时，3 岁以下的宝宝可以躺着测量，但头部要有人用手固定住；3 岁以上的宝宝可站着测量，测量时两脚并拢直立。

玉米菜叶牛奶粥

适龄宝宝 15个月以上

材料： 无糖玉米片 4 大匙，圆白菜叶 20 克，牛奶 5 大匙。

做法：

1. 圆白菜叶洗净，汆烫至透，沥干后磨成泥状；牛奶加热至温热。
2. 将无糖玉米片捏碎成小碎片，倒入大碗中，再倒入温热牛奶，加入圆白菜叶拌匀即可。

蒜香蒸茄

适龄宝宝 25个月以上

材料： 茄子 1 个，大蒜、香油、盐各适量。

做法：

1. 茄子洗净切条；大蒜去皮，洗净后剁成泥状。
2. 将茄子条放入碗中，撒上蒜泥，淋香油，加盐调味。
3. 锅内加水，待水开后，将碗放入蒸锅中蒸 15 分钟即可。

金枪鱼橙子沙拉

适龄宝宝 19个月以上

材料： 罐头金枪鱼 25 克，橙子 1 个，酸奶 20 克。

做法：

1. 橙子去皮、籽，取果肉。
2. 将果肉混入金枪鱼中，淋上酸奶后拌匀即可。

西红柿营养汁

适龄宝宝 8个月以上

材料：西红柿 1 个。

做法：

1. 西红柿洗净，去皮后切大块。
2. 把西红柿块放入开水中煮 5 分钟。
3. 滤去西红柿渣，倒出汁水即可饮用。

好妈妈喂养经

西红柿含有丰富的维生素 C，不但能让宝宝更加白嫩，还有助于肥胖的宝宝减肥。注意，给较小的宝宝饮用此汁时，加适量温开水进行稀释比较好。

活力蔬果汁

适龄宝宝 9个月以上

材料：苹果、菠萝各10克，胡萝卜适量，柠檬汁少许。

做法：

1. 将苹果、菠萝、胡萝卜均洗净。
2. 将所有材料一起放入榨汁机中，加入白开水打成果汁即可。

好妈妈喂养经

这款配餐富含胡萝卜素、维生素 C、膳食纤维等多种营养成分，不但能让宝宝皮肤白皙、眼睛明亮，还能让胖宝宝产生饱腹感，从而有助于减肥。

让宝宝四季都有美味

春季辅食：提高宝宝的免疫力

春季添加辅食的要点

春天到来，万物萌发，宝宝生长发育也进入了黄金期。春天气候干燥，又是细菌滋生的季节，妈妈们应根据宝宝生长需要和气候特点，给宝宝补充富含钙、不饱和脂肪酸（含于植物油中）、各种维生素及一些具有药用价值的食物，使宝宝的生长潜能充分发挥出来，并提高宝宝的机体免疫力。

春季辅食食材推荐：荠菜

荠菜中的胡萝卜素、维生素C及多种无机盐含量都比较丰富，因此妈妈们在春季应多给宝宝做些荠菜粥喝。用荠菜炒鸡蛋或做荠菜春卷、馄饨、肉丝汤也不错，不仅可以补充丰富的营养，还可以起到一定的防病作用。此外，适合宝宝春补的食物还有油菜、菠菜、蘑菇、鸡肉、芹菜、芝麻、核桃、樱桃、红枣、百合、山药、鲫鱼、虾、海带等。

夏季辅食：注意补充水分和营养素

夏季添加辅食的要点

宝宝在夏天最不容易过。在高温炎热的环境下，宝宝身体内的消化液分泌减少，消化能力下降，从而使营养素和水分大量损失，又加重了食欲不振、四肢乏力的感觉。而宝宝的体温调节能力还比较差，代谢速度又快，所以对水分和营养素的缺乏更为敏感。因此，这时的宝宝往往食欲很差，有明显变瘦的情况，有些体质弱的宝宝甚至还会出现精神不振、抵抗力下降的现象。遇到这种情况，妈妈们要注意，多给宝宝吃水果、汤粥以及酸奶、鸡蛋、豆类、绿叶蔬菜等食物，再搭配杂粮食用，为宝宝提供均衡的营养。

夏季辅食食材推荐：苦瓜

苦瓜中含有一种活性蛋白质，能激发人体免疫系统的防御功能，增强身体的抗病力。盛夏来临时，宝宝比大人更容易上火，如果妈妈经常给宝宝吃些富含维生素、无机盐的苦瓜类食物，有利于帮助宝宝消除暑热，预防宝宝中暑及患胃肠炎等疾病。

秋季辅食：帮宝宝防燥防病

秋季添加辅食的要点

秋天天气凉爽，宝宝又变得精神十足了，但病菌也喜欢这个季节。感冒、哮喘、过敏、肠胃炎等疾病又活动起来了。另外，秋天气候也变得日趋干燥，很容易发生咽喉干痛等“秋燥症”。所以，妈妈们平时给宝宝的饮食，除了应注意保持营养丰富外，还应多吃清热润燥的食物，如蔬果、肉、蛋、豆制品等，都含有丰富的维生素，能提高宝宝免疫力，增强抗病能力，让秋季疾病远离宝宝。

秋季辅食食材推荐：梨

秋梨营养价值很高，其中含有丰富的营养元素，可生津润燥、清热化痰，适用于宝宝消化不良时食用。另外，梨皮也有清心、润肺、降火、生津、滋肾、补阴等作用。宝宝适当多吃梨可以提高记忆力和注意力。但生梨性寒，月龄小的宝宝不宜过多食用；煮熟的梨则可以适当多吃点儿。

冬季辅食：为宝宝储备营养

冬季添加辅食的要点

冬天干燥寒冷，宝宝非常容易患呼吸道疾病。低温会使宝宝体内的血钙含量降低，而且会使免疫系统功能下降，从而降低机体对病原体的抵抗力。因此，妈妈们在冬天应在饮食上帮助宝宝摄入足够的蛋白质、脂肪、碳水化合物、维生素和无机盐，让宝宝多吃蔬菜及温热性食物。

冬季辅食食材推荐：鲈鱼

鲈鱼中的蛋白质、脂肪、维生素 B_2、钙、铁、硒等营养素含量丰富、易消化，有健脾胃、补肝肾、止咳化痰的作用。而且冬天的鲈鱼肉质肥嫩、细腻，是宝宝补充营养的最佳食物，宝宝在冬季多吃益处很多。

喂养小提示：春季应注意保护宝宝的皮肤

春天天气干燥，宝宝由于皮肤油脂分泌不足，常常会出现皮肤干裂、瘙痒现象。这时，妈妈要特别注意保护宝宝的皮肤：

◎ 给宝宝准备的衣服一定要柔软、不产生静电，洗衣服时最好使用专门为宝宝设计的洗涤剂。

◎ 洗澡时要尽量减少使用洗浴用品。另外，给宝宝洗完澡或洗完脸后，要及时给其涂上婴儿专用的润肤霜，以保证宝宝皮肤的滋润和营养。

水果牛肉饭

适龄宝宝 18个月以上

材料：大米 200 克，酱牛肉 100 克，胡萝卜丁、甘薯丁、梨丁、冬瓜丁各适量。

做法：

1. 大米洗净，酱牛肉切碎块。
2. 大米煮至八成熟的粥。
3. 在粥中加入酱牛肉碎块，开锅后再加入甘薯丁、胡萝卜丁、梨丁、冬瓜丁，煮熟即可。

丝瓜粥

适龄宝宝 19个月以上

材料：丝瓜 500 克，大米 100 克，虾米 15 克，葱、姜各适量。

做法：

1. 丝瓜洗净，去瓤，切块备用；大米淘洗干净备用。
2. 锅置火上，加水烧开，倒入大米煮粥。
3. 粥快熟时，加入丝瓜、虾米以及葱、姜，烧沸入味即成。

鲜虾肉泥

适龄宝宝 8个月以上

材料：虾仁 50 克，香油少许。

做法：

1. 虾仁洗净，制成肉泥，放入碗中。
2. 往装虾仁肉泥的碗中加适量水，放入锅中蒸熟。
3. 淋 2 滴香油拌匀即可。

黄瓜蜜条

适龄宝宝 13个月以上

材料： 黄瓜 2 根，蜂蜜适量。

做法：

1. 黄瓜洗净，切成条状。
2. 锅内加适量水，放入黄瓜条，煮沸后，去掉汤汁。
3. 趁热加入蜂蜜调匀，再煮沸即成。

好妈妈喂养经

黄瓜有清热利水、解毒消肿、生津止渴的作用，适合夏季给宝宝食用。

红烧鲻鱼

适龄宝宝 15个月以上

材料： 鲻鱼 1 条，葱、蒜、姜、盐、酱油、白糖各适量。

做法：

1. 鲻鱼清洗干净，在鱼身两侧划斜刀，用盐轻擦；葱切段；蒜去皮，切末；姜去皮，切丝。
2. 锅置火上，待油五成热时放入鲻鱼，煎炸至两面呈金黄色时，放入葱花、蒜末、姜丝，爆香。
3. 倒入少许酱油和白糖，稍煎片刻，倒入适量开水，用中火炖 15 分钟，至汤汁浓稠即成。

好妈妈喂养经

这道菜口感独特，营养价值特别丰富，能够补充丰富的蛋白质。

西红柿洋葱鱼

适龄宝宝 19个月以上

材料：净鱼肉150克，西红柿、盐少许，洋葱、土豆各30克，肉汤、面粉各适量。

做法：

1. 鱼肉洗净，切成小块，裹上一层面粉。
2. 锅置火上，放入植物油，烧热，放入鱼块，煎好。
3. 将煎好的鱼和西红柿、洋葱、土豆放入锅内、加入肉汤一起煮，熟时调入少许盐即可。

豆腐鱼肉饭

适龄宝宝 15个月以上

材料：大米30克，豆腐蒸鱼（已蒸熟）、生抽适量。

做法：

1. 把去鱼骨的鱼肉和豆腐弄碎，加入少许生抽、熟油。
2. 大米洗净，加适量清水，浸泡1小时。
3. 煲内放入米及浸米的水，开火煲沸，慢火煲成浓糊状的烂饭；加入鱼肉豆腐搅匀煲沸即可。

木瓜炖银耳

适龄宝宝 15个月以上

材料：青木瓜100克，银耳30～40克，冰糖适量。

做法：

1. 木瓜洗净，去籽，置于碗内。
2. 银耳泡发洗净，撕碎，放进木瓜碗内。
3. 将冰糖撒在银耳上面。
4. 放入锅中，用大火蒸熟即可。

枸杞炒山药

适龄宝宝 30个月以上

材料：山药200克，枸杞子、白糖、水淀粉各适量，盐少许。

做法：

1. 山药去皮，洗净，切成条，放入水中；枸杞子洗净。
2. 锅置火上，加适量油，烧热，放入山药滑炒几下。
3. 接着放入枸杞子翻炒，炒熟后调入白糖、盐，用水淀粉勾芡即可。

好妈妈喂养经

枸杞子、山药都是非常有营养的补品，宝宝适量食用对身体有益。

草鱼鸡蛋汤

适龄宝宝 25个月以上

材料：草鱼400克，鸡蛋清50克，香菜末10克，清汤适量，盐、酱油、香油各少许。

做法：

1. 鱼肉去皮，洗净，去骨刺，放入冷水中浸泡10分钟，捞出剁成细泥，加盐、鸡蛋清、熟油和水搅匀捏成丸子。
2. 锅置火上，加油，烧至五成热时，放入鱼丸，炸熟，捞出；剩余蛋清打成蛋泡糊，取2个勺底抹有少许熟油的勺子，将蛋泡做成两个鱼形，旺火蒸熟。
3. 锅中加适量清汤，大火烧沸，加盐、酱油、香菜末，淋少许香油，把蛋泡糊和鱼丸轻轻推入锅中烧一下即成。

创意辅食：有个性，才爱吃

宝宝挑食，变着花样喂

随着宝宝的月龄一天天增长，吃的辅食种类也逐渐增多起来，于是，宝宝对辅食的要求也变得越来越高了。许多妈妈都会发现，宝宝学会挑食了。很多原来并不挑食的宝宝现在也开始“挑三拣四”了。这时的宝宝对自己不喜欢吃的东西，即使已经喂到嘴里也会吐出来，有些脾气“暴躁”的宝宝，甚至会把妈妈端到面前的食物推翻。

宝宝之所以出现这种情况，主要是因为宝宝的鼻子越来越“好用”了，味觉发育逐渐成熟的宝宝不甘心“逆来顺受”，因而才对各类食物的好恶表现得越来越明显，而且有时会用抗拒的形式表现出来。但是，宝宝的这种“挑食”行为也并不是一成不变的，当宝宝再长大一些时，对于以前不爱吃的东西，就有可能爱吃了。

所以，爸爸妈妈不必担心宝宝的这种“挑食”，也不要粗暴制止宝宝的挑食行为。正确的做法是：花点儿心思，好好琢磨一下宝宝，看他究竟对什么食物感兴趣，怎样做才能够使宝宝喜欢吃这些食物，才能让他“满意”。妈妈可以改变一下食物的形式，或选取营养价值差不多的同类食物替代。

如果宝宝对变着花样做出的食物还是不肯吃，怎么办？此时，爸爸妈妈也不要着急，如果宝宝只是不爱吃食物中的一两样，是不会造成营养缺乏的。因为食物的品种很多，再制作其他的辅食就可以了。爸爸妈妈千万不可因此而强迫宝宝，更不可因此而产生失落感，以为宝宝对自己的努力“视而不见”。爸爸妈妈要懂得，宝宝即使这次不吃，可能过一段时间会吃，不能因为宝宝一次不吃，以后就再也不给宝宝做花样辅食了。

让宝宝的辅食不再呆板

改变辅食的形态

例如，有些宝宝不爱吃碎菜或肉末，而碎菜或肉末都很富有营养，怎样才能让宝宝吃呢？妈妈可以把碎菜或肉末混在粥内或包成馄饨来喂。有的宝宝不爱吃鸡蛋羹，也可以用同样的方法来处理，可以做成煮鸡蛋或荷包蛋给宝宝吃，等等。

另外，在宝宝的辅食中，米糊和泥状辅食很常见，如果宝宝并不是很喜欢吃这类辅食的话，妈妈可以把它们改成适口的丸子、煎饼等。宝宝吃习惯了米糊或泥状的食物，一旦尝试了丸子、煎饼等不同口味，一定会很喜欢。而且，这种丸子或煎饼不仅可以直接食用，还可以放在其他食物里混合着给宝宝吃。

面对宝宝的挑食，有心的妈妈一定能想出更多的好办法，来为宝宝增加美味，宝宝也一定会胃口大开。

食材相同菜式不同，不重样就是花样

同一种食材，可以做出口味完全不同的许多种菜肴，这一点适用于大人，也同样适用于宝宝。所以，妈妈们尽可以大显身手，把一种食材变出很多花样，做不同的菜肴给宝宝吃。例如，在南瓜盛产的季节里，新鲜南瓜营养丰富，那就给宝宝多做几款南瓜美味吧，可以周一给宝宝做南瓜鱼粥，周二做南瓜蒸糕等，举不胜举。

要是妈妈们怕忘记给宝宝制作的菜式，其实可以学学很多潮妈的做法，每天给辅食拍照，记在小本子上，无需更多的文字介绍，只需将配方和做法记录一下，时间一久，妈妈们就会发现，自己无形中已学会了很多个经典的菜式。

喂养小提示：做花样辅食，当爱心妈妈

由于宝宝的消化和吸收功能尚未成熟，容易出现功能紊乱，每吃一种新食物，都可能有些不习惯，因此添加泥糊状辅食时要注意以下事项：

◎ 为宝宝做花样辅食，出发点虽好，可是不能因此而忽视了宝宝的健康。在辅食原料的选择上，一定要选择新鲜的材料，现做现吃，不要存放过久；有皮的水果和蔬菜应尽量去皮后再制作，不要购买已破损或糜烂的水果、蔬菜。

◎ 配制好的食物应放在有盖的容器内密封，再放入冰箱内保存，且不能久存。

◎ 对于不足 4 个月的宝宝，原则上不宜添加辅食，所以妈妈们就算有无数的辅食花样打算给宝宝做着吃，也要暂时“忍痛割爱”，因为宝宝的消化吸收系统还不能接受太复杂的食物结构，等宝宝再大一些就可以了。

牛奶麦片粥

适龄宝宝 15个月以上

材料：燕麦片、白砂糖各100克，牛奶30毫升，黄油适量。

做法：

1. 将燕麦片放入锅内，加适量水，泡30分钟左右。
2. 用大火烧开，稍煮片刻后，放入牛奶、白砂糖、黄油。
3. 煮20分钟至麦片酥烂、稀稠适度即可。

草莓豆腐羹

适龄宝宝 12个月以上

材料：温牛奶150毫升，婴儿米粉40克，煮熟捣烂的豆腐、草莓酱各1勺。

做法：

1. 将温牛奶倒入婴儿米粉中，一边加入一边搅拌。
2. 然后加入捣烂的豆腐继续搅拌。
3. 草莓酱浇汁，即可给宝宝食用。

牛奶香蕉沙拉

适龄宝宝 7个月以上

材料：香蕉1/3根，牛奶1勺。

做法：

1. 香蕉去皮，在碗中研为泥状。
2. 调入牛奶，搅匀后即可给宝宝喂食。

胡萝卜蛋黄羹

适龄宝宝 9个月以上

材料：蛋黄 1 个，胡萝卜丁、菠菜叶各适量。

做法：

1. 蛋黄打散，加入适量水，调稀。
2. 放入蒸笼，用中火蒸 5 分钟。
3. 将胡萝卜丁和菠菜叶煮软，磨成碎末，放在蛋黄羹上即可。

好妈妈喂养经

胡萝卜中的胡萝卜素可以转变成维生素 A，有助于促进骨骼生长，帮助牙齿生长。增强宝宝的机体免疫功能。此外，胡萝卜中的木质素也能提高宝宝的免疫能力。

小米蛋奶粥

适龄宝宝 12个月以上

材料：牛奶 300 毫升，小米 100 克，鸡蛋 1 个，白糖适量。

做法：

1. 小米淘洗干净，用冷水浸泡片刻；锅置火上，加水，放入小米，用大火煮至小米胀开。
2. 加入牛奶，继续煮，至米粒松软烂熟。
3. 鸡蛋磕入碗中，打散，淋入奶粥中，加入白糖熬化即成。

好妈妈喂养经

煮小米蛋奶粥时，要等粥熟后稍稍冷却沉淀，再给宝宝食用。这时可以看到粥上浮有细腻的黏稠物，这是粥油，能保护宝宝的胃黏膜，补益脾胃。

紫菜土豆泥粥

适龄宝宝 15个月以上

材料：土豆1/2个，大米100克，猪瘦肉50克，干紫菜20克，盐少许。

做法：

1. 大米淘洗干净，用冷水浸泡30分钟，捞出，备用。
2. 猪肉洗净，切末；土豆煮熟后碾成泥；干紫菜洗净、浸泡，去除腥味。
3. 锅置火上，加入适量清水，放入大米，用大火烧沸。
4. 在烧沸的粥锅内加入紫菜、土豆泥、猪肉末，转小火熬煮至粥将成，调入少许盐，继续煮至粥成。

鸡粒土豆蓉

适龄宝宝 19个月以上

材料：土豆200克，鸡肉75克，杂菜粒（包括青豆、小米、胡萝卜粒）、白糖、牛奶、粟粉各适量。

做法：

1. 把鸡肉洗净，切成小粒，加入酱油腌渍10分钟；鸡肉粒煮熟。
2. 将杂菜粒放入开水中汆烫，捞起，用清水冲一下，沥干水分。
3. 土豆去皮，洗净，切厚片，入锅蒸20分钟，趁热搓成土豆蓉，加入鸡肉粒、杂菜粒及白糖、牛奶、粟粉，搅匀。
4. 将土豆蓉盛于雪糕壳内，做成雪糕球模样倒入碗里即可。

牛奶肉泥

适龄宝宝 8个月以上

材料：鸡肉泥250克，橙汁、牛奶、菠菜叶、香菜末、胡萝卜末、西葫芦末各适量。

做法：

1. 锅置火上，放少量水，放入鸡肉泥，用小火熬熟。
2. 加底油炝锅，将菠菜叶、香菜末、胡萝卜末、西葫芦末放入锅中略炒。
3. 蔬菜炒好后倒入肉泥，加牛奶和橙汁拌匀即可。

豆腐煮鸭血

适龄宝宝 15个月以上

材料：豆腐400克，鸭血200克，水发黑木耳、胡萝卜、盐、葱花、香油、水淀粉各适量。

做法：

1. 豆腐、鸭血、黑木耳、胡萝卜均洗净，切丝。
2. 锅内放适量水烧开，放入豆腐、鸭血丝；豆腐、鸭血丝浮起时，放黑木耳丝和胡萝卜丝煮熟烂；起锅时勾芡，加盐，淋香油，撒上葱花即成。

香椿芽拌豆腐

适龄宝宝 15个月以上

材料：嫩香椿芽250克，豆腐1盒，盐、香油各少许。

做法：

1. 香椿芽洗净，汆烫5分钟，挤出水，捞出切细末。
2. 豆腐切成丁，用开水烫一下，捞出盛盘；加入香椿芽末，调入盐、香油，拌匀即可。

宝宝的最爱：小零嘴儿打动了“我”的心

哪些零食对宝宝来说是健康的

坚果

坚果的热量虽然也比较高，但都含有对宝宝健康有益的不饱和脂肪酸，对于宝宝的心脏发育非常有利。同时，坚果中还含有比较丰富的无机盐，对宝宝的生长发育也有益处。但需要注意的是，坚果不可多吃，以免因食用过量而导致宝宝肥胖。

全麦棒

全麦棒的组合实际上与饼干类似，但热量却比饼干低很多，而且全麦食品更利于宝宝身体健康。注意选择独立包装的全麦棒，这样更容易控制宝宝吃的数量。

酸奶

作为一种细菌发酵食品，酸奶是将乳酸菌加入到鲜牛奶中后发酵制成的，含有双歧杆菌、乳酸杆菌等大量活的益生菌。酸奶有一定的酸度，可使牛奶凝块变细，有利于消化吸收，一般消化能力弱的宝宝可短时间服用。

各种应季水果

◎ **草莓：** 草莓营养丰富，含有果糖、蔗糖、果胶、胡萝卜素、多种维生素及钙、磷等营养素，尤其是胡萝卜素，具有明目养肝的作用，对宝宝的视力发育十分有益。

◎ **西瓜：** 西瓜解热消暑，营养丰富，含胡萝卜素、维生素 C、B 族维生素、果糖及铁、钙、钾、磷、镁等的多种无机盐，能为宝宝提供能量、调整体力、提高耐力。但西瓜性寒，脾胃虚寒及腹泻的宝宝不宜多吃。

◎ **葡萄：** 葡萄含有葡萄糖、蔗糖、果糖、花青素、有机酸、多种维生素及钙、磷、铁、钾等无机盐，宝宝适量吃些葡萄，对血管和神经系统发育有益。但食用前，一定要清洗干净，以免对宝宝健康造成不良影响。

◎ **桃：** 桃有清胃、润肺、祛痰、利尿的作用，还可以预防宝宝贫血和便秘等。但不能让宝宝多吃桃，否则易引起肠胃功能紊乱。

不利于宝宝健康的 3 种零食

蜜饯

无论是用哪种方法制成的蜜饯，基本上都是以水果或瓜类作为主要原料，添加各种防腐剂、着色剂、香精以及大量的盐和糖，不但无法满足宝宝的营养需求，长期大量食用还会影响到宝宝的身体健康。

可乐

可乐的成分中除了二氧化碳和水之外，只含有精制糖、焦糖、磷酸和香料，它的高能量基本上都来自于精制糖，因此很容易增加宝宝肥胖的风险。另外，可乐只含有少量无机盐，因此根本无法满足宝宝的营养需求。而且，由于宝宝胃肠功能还不完善，喝太多可乐可能引起胃肠功能紊乱。

冰激凌

冰激凌的主要原料是水、奶、蛋、甜味料、油脂及香料、稳定剂、乳化剂、着色剂等食品添加剂，营养价值并不高。另外，冰激凌的糖分含量很高，经常食用极易导致宝宝肥胖。

控制？放纵？妈妈说了算

对于如何对待宝宝吃零食的问题，妈妈控制或放纵宝宝的行为，都不能称为合适的办法，正确的方法应该是合理安排宝宝的日常饮食。

平时，妈妈应尽量让宝宝多吃水果、蔬菜、五谷类、坚果、奶制品等富含维生素和无机盐的食物，并且一次性让宝宝吃饱，没有饥饿感，这样宝宝就不会再有吃其他食物的欲望了。

还有一个好办法，就是自制美味的小零食，让宝宝无法拒绝这些美味的食物。例如，给宝宝做一盘色彩鲜艳的蔬果沙拉；以土豆、面粉等为原料做成小动物形状的小点心；将蔬菜、水果榨成汁再灌到造型可爱的瓶子里给宝宝喝，这些都可以让宝宝觉得食物、饮品更有吸引力，从而很快将那些花花绿绿的零食抛到脑后了。

宝宝对零食的喜好程度最好都掌控在妈妈的手中，只有这样妈妈才能更好地了解宝宝的身体健康状况。

喂养小提示：宝宝常喝酸奶有哪些好处

◎ 更容易吸收钙质。

◎ 补充更为丰富的维生素及其他营养素。

◎ 补充容易消化吸收的蛋白质。

◎ 能缓解宝宝乳糖不耐受症状。

◎ 能促进宝宝消化，增进食欲。

◎ 能产生抗菌物质，预防宝宝便秘和细菌性腹泻等。

金色鹌鹑球

适龄宝宝 19个月以上

材料：鹌鹑蛋5个，面粉30克，鸡蛋1个，盐适量。

做法：

1. 鹌鹑蛋煮熟后剥壳。
2. 鸡蛋打散，加入面粉、盐，用少许水搅拌成糊状。
3. 将鹌鹑蛋裹上面糊，放入油锅炸熟晾凉即可食用。

糖浸红枣

适龄宝宝 25个月以上

材料：干红枣50克，花生仁100克，瘦肉片（熟）25克，红糖适量。

做法：

1. 干红枣洗净去核用温水泡发，花生仁煮后放凉。
2. 将红枣、花生仁和瘦肉片一同放于煮花生的水中，再加适量冷水，转小火煮至花生入口即烂时捞出花生衣，加入红糖煮至溶化后收汁即可。

胡萝卜蓝莓冰球

适龄宝宝 13个月以上

材料：胡萝卜80克，蓝莓酱20克。

做法：

1. 胡萝卜洗净，煮至熟透，切大块。
2. 将胡萝卜块挖成小球状，放入冰箱稍微冷藏。
3. 然后将胡萝卜球取出放入容器里，淋上蓝莓酱即可。

吐司布丁

适龄宝宝　30个月以上

材料：吐司 1 片，鲜奶 1/2 杯，鸡蛋 1 个，白糖 1 小匙，奶油少许。

做法：

1. 吐司去硬边，撕成小片，加入鲜奶、白糖，以小火煮片刻成糊状，放凉。
2. 鸡蛋打散，与①中煮好的糊混在一起拌匀成糊状。
3. 在心状模型中抹少许奶油，倒入②中拌好的糊，入蒸锅中蒸 20 分钟后取出，放入油锅中炸至金黄即可。

好妈妈喂养经

吐司布丁香喷喷的，能让孩子胃口大开。

鱼肉面包饼

适龄宝宝　25个月以上

材料：鱼肉 40 克，面包粉 1 大匙，鸡蛋 1 个（取蛋液），盐少许。

做法：

1. 鱼肉洗净，蒸熟后压成泥。
2. 将鱼肉泥、面包粉、鸡蛋液、盐拌匀，分成两份，即为馅料。
3. 将两份馅料分别压平放入平底锅中，加少许油，煎至两面金黄即可。

好妈妈喂养经

这款零食口感稍硬，最好给月龄大一点儿的宝宝食用，以免损伤宝宝的口腔和牙齿，也不要让宝宝吃太多。

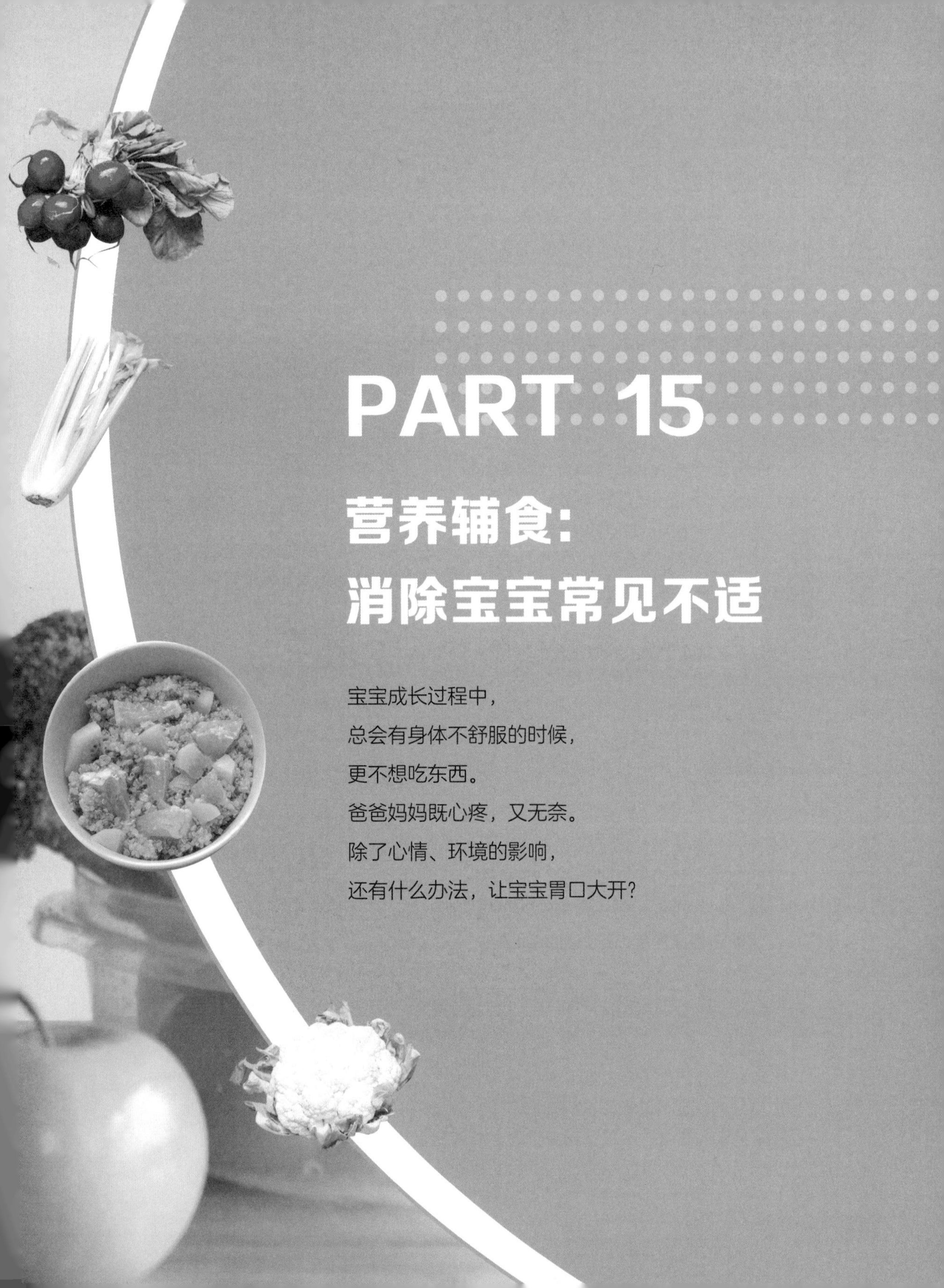

PART 15

营养辅食：消除宝宝常见不适

宝宝成长过程中，
总会有身体不舒服的时候，
更不想吃东西。
爸爸妈妈既心疼，又无奈。
除了心情、环境的影响，
还有什么办法，让宝宝胃口大开？

上 火

现代医学认为上火多由各种细菌、病毒侵袭机体，或由于积食、排泄功能障碍所致。小儿脾胃功能还不健全，而生长发育很快，需要的营养物质较多，如果饮食不合理，或者是夏季小儿体内的水分流失过多，就易引起“上火”。

饮食改善

◎母乳含有丰富的营养物质和免疫抗体，宝宝出生后最好母乳喂养，这样可提高抵抗力，防止上火。

◎6个月的小宝宝要适时添加辅食，合理补充富含膳食纤维的谷类、新鲜蔬果等。

◎夏天，要注意让宝宝少吃桂圆、荔枝等热性水果。食物中应尽量避免过多使用辛辣重味的调味品，如姜、葱、辣椒等。

◎让宝宝多喝水，特别是夏季天气炎热的时候，可以适当喂宝宝喝一些清热饮品，如菊花茶、绿豆汤等。

其他妙方

按摩疗法

按摩疗法也是清解热邪、泻热开窍的一种非常好的方法，适用于各种热证。它是通过用推、拍、擦等手法，作用在相应的经络或穴位，从而达到清热降火的目的。但要注意的是在用这种方法对宝宝进行按摩时，一定要注意按摩的力度。

用按摩疗法帮助宝宝清火。

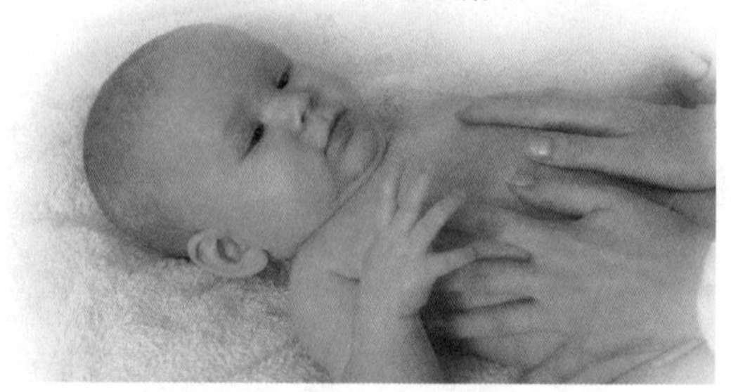

保证充足的睡眠

保证充足的睡眠也可以让宝宝远离上火。充足的睡眠时间既能促进宝宝生长发育，又可提高身体抵御疾病的能力。

注意居住环境

室内的空气要保持清新，这对护理上火的宝宝很有效。还要保持室内湿度，避免干燥。

营养师小叮咛：怎样预防宝宝上火

◎已经添加辅食的宝宝每天要补充适量的水分，以免缺水。同时，家长也应从小培养宝宝养成良好的饮食习惯和排便习惯。

◎要控制宝宝的零食，尽量少给宝宝吃容易引起上火的食物。

五宝活力果汁

适龄宝宝　8个月以上

材料： 莲藕、梨、荸荠各 50 克，西瓜 200 克，甘蔗汁 500 克。

做法：

1. 将莲藕洗净，切块。
2. 梨、荸荠、西瓜分别洗净去皮、切块。
3. 将上述材料放入榨汁机中，再加入甘蔗汁打匀饮用。

西瓜含有大量的水分，可以有效地补充人体的水分，帮助宝宝消暑去热。

清凉西瓜盅

适龄宝宝　8个月以上

材料： 小西瓜 1 个，菠萝肉 50 克，苹果 1 个，雪梨 1 个。

做法：

1. 将菠萝肉切块；苹果、雪梨洗净，去皮、核，切块备用。
2. 西瓜洗净，在离瓜蒂 1/6 的地方呈锯齿形削开。将西瓜肉取出，西瓜盅洗净备用。
3. 锅内放水煮沸，再加入全部水果块略煮，晾凉后倒入西瓜盅中，再放入冰箱冷藏，食用时取出即可。

Tips

做果汁的方法

在制作果汁前，需要准备好各种用具和材料：水果刀一把，榨汁机1个，杯子1个，梨1个（可换成其他水果）。梨营养丰富，具有润肺、消炎、降火的功效，经常喂宝宝喝一点，对宝宝的身体很有益处。

处理方法：

1. 将梨洗净，用水果刀削去果皮（图①）。
2. 将削好皮的梨切成小块（图②）。
3. 放入榨汁机中榨取果汁（图③）。
4. 将果汁盛入杯中，用适量凉开水将梨汁稀释，也可以加入适量的白糖调制（图④）。

① 削去果皮

② 切成小块

③ 榨成果汁

④ 稀释，调制成果汁

苦瓜藕丝

适龄宝宝 1岁以上

材料：苦瓜300克，藕丝150克，红椒丝、南瓜丝各10克，姜丝适量。

调料：盐、味精、白醋、白糖各适量。

做法：

1. 苦瓜洗净，去籽切丝；藕去皮，洗净切丝。
2. 锅放水烧沸，倒入苦瓜丝、藕丝、红椒丝、南瓜丝，加些醋，氽烫至断生备用。
3. 油锅烧热，下姜丝炒香，再倒入藕丝、苦瓜丝、红椒丝、南瓜丝，加盐、味精、白糖，翻炒均匀即成。

芙蓉藕丝羹

适龄宝宝 1岁以上

材料：鲜藕300克，鸡蛋2个，牛奶25克，青梅干、莲子、菠萝各适量。

调料：白糖、水淀粉、鲜汤各适量。

做法：

1. 将鲜藕切成细丝后入沸水中烫一下捞出，放凉。
2. 青梅干、莲子、菠萝分别切小丁。
3. 鸡蛋取蛋清放入碗中，加入部分白糖、部分鲜汤搅散，倒入汤碗蒸约3分钟，制成芙蓉蛋。
4. 炒锅上大火，加入牛奶、藕丝、剩余鲜汤、剩余白糖，至水沸后撇去浮沫，用水淀粉勾稀芡，然后撒入青梅丁、莲子丁、菠萝丁，起锅倒入有蛋清的汤碗中即成。

清炒苦瓜

适龄宝宝 2岁以上

材料：苦瓜1根，红甜椒1个。

调料：盐适量，白糖少许。

做法：

1. 苦瓜对剖去籽，洗净切厚片；红甜椒去蒂、去籽，洗净，切粗条。
2. 锅内放油烧热，放入苦瓜片爆炒至九分熟。
3. 加入红甜椒条、盐、白糖，炒至入味炒匀即可。

好妈妈喂养经

可以将苦瓜泡制或煎汤成凉茶，也有不错的去火效果。

蔬菜卷

适龄宝宝 2岁以上

材料：生菜叶 8 片，四季豆 4 根，金针菇 1 小把，玉米笋 8 条，韭菜 8 根。

调料：海苔粉 10 克，柴鱼粉 5 克，日式和风酱 30 克。

做法：

1. 生菜洗净，晾干备用。
2. 四季豆、金针菇及玉米笋洗净，切成 4 ~ 5 厘米的小段，烫熟。
3. 韭菜洗净烫熟，作为系绳。
4. 生菜摊平，将②中的材料排列于叶片上，撒上海苔粉及柴鱼粉，淋上和风酱，将生菜叶卷起，用韭菜扎紧即成。

杏仁菜粥

适龄宝宝 3岁以上

材料：小米 100 克，杏仁 30 克，豆角 50 克，葱花适量。

调料：盐适量。

做法：

1. 杏仁用刀剁碎，豆角切丁，备用。
2. 将锅放火上加水，放入碎杏仁熬制。
3. 熬好的汤汁中加入小米、豆角丁，熬熟为止。
4. 加入盐、葱花拌匀调好味即可。

好妈妈喂养经

杏仁的味道比较苦，对清热祛心火有一定的作用。

苦瓜肋排汤

适龄宝宝 3岁以上

材料：猪肋排 100 克，苦瓜 30 克，咸菜 50 克。

调料：盐适量。

做法：

1. 猪肋排用温水洗净，斩成小块，放沸水锅中汆烫，去血水，捞出备用。
2. 苦瓜去皮、瓤，洗净，切成小块；咸菜洗净。
3. 猪肋排块放瓦罐中，放足量清水，用小火煲，1 个小时后放苦瓜、咸菜。
4. 中火煮 30 分钟，加盐调味，即可。

好妈妈喂养经

挑选苦瓜时要选择果瘤大、果形直立，还要洁白漂亮的。

苦瓜炒荸荠

适龄宝宝 3岁以上

材料：苦瓜 50 克，荸荠 10 克，蒜、葱各适量。

调料：盐少许，白糖、水淀粉各适量。

做法：

1. 苦瓜去瓤，洗净切片；荸荠去皮，洗净，切片；蒜去皮，洗净切末；葱洗净切成葱花。
2. 锅内加水烧开，放入切好的苦瓜片汆烫，捞起沥干，备用。
3. 油锅烧热，下蒜末、葱花炒香，加苦瓜片、荸荠片翻炒，调入盐、白糖炒匀，用水淀粉勾薄芡即成。

便 秘

便秘不仅是指排便间隔长，还有大便干硬等症状。干大便会对宝宝的肠道造成一定的损伤，甚至可能会出现肛裂。造成便秘的原因有很多，如肛门狭窄、肠道神经发育不良、宝宝食用配方奶、上火等。有时，母乳喂养的宝宝也会出现便秘。

饮食改善

调整饮食结构

应该适当减少蛋白质类食物摄入；增加富含膳食纤维的谷类食物，如玉米、高粱、红薯等杂粮；鼓励宝宝进食新鲜水果，如香蕉、苹果、猕猴桃等。

少食多餐，多喝水

宝宝的胃部容量很小，吃过量的食物，很容易阻塞肠胃，出现便秘的症状。多喝水可滋润肠道，使宝宝大便稀软。

选择母乳喂养

最好是选择母乳喂养，因为母乳喂养的宝宝很少发生便秘。如果没有办法母乳喂养，人工喂养的宝宝可以在两顿奶之间适当喂些水。月龄小的宝宝建议选用配方奶喂养，暂时不要使用鲜牛奶。如果仍然发生便秘，可以换一种配方奶试试。另外，选择添加OPO结构脂肪酸的配方奶，也有助于缓解宝宝便秘。

其他妙方

适当运动

运动有助于改善便秘症状，让小宝宝多爬一爬、滚一滚，这都能促进肠蠕动，改善便秘的问题。

药物治疗

当宝宝便秘时，不要使用泻药（很可能会导致宝宝腹泻不止），当宝宝粪便聚积过多时可将肥皂头塞入肛门刺激排便；或用开塞露注入肛门，靠其中甘油的润滑作用帮助排便。但是，这些机械的方法不可常用，使用前应咨询医生。对于器质性病变引起的便秘要及时去医院治疗，如先天性巨结肠，只有手术才能根治。

养成良好的排便习惯

3个月以上的婴儿就可以训练定时排便。幼儿可以在清晨或睡前坐便盆排便，要养成每日定时排便的习惯。

猪肝菠菜汤

适龄宝宝 1岁以上

材料： 新鲜连根菠菜 100 克，猪肝 50 克，姜丝适量。

调料： 盐适量。

做法：

1. 菠菜洗净，切成段；猪肝切片。
2. 锅置火上，加适量水，待水烧开后，加入姜丝和盐，再放入猪肝片和菠菜段，水沸肝熟即可。

好妈妈喂养经

菠菜、猪肝同用能补血，而且菠菜对治疗便秘有一定的功效。

芦荟土豆粥

适龄宝宝 1岁以上

材料： 大米 150 克，芦荟 50 克，土豆 100 克，枸杞数粒。

调料： 白糖 1 大匙。

做法：

1. 将大米淘洗干净，用水浸泡 30 分钟。
2. 芦荟洗净，切 3 厘米见方的小块；土豆去皮，切 2 厘米见方的小块。
3. 将大米、芦荟块、土豆块同放锅内，加水适量，大火烧沸，再用小火煮 35 分钟，加入枸杞、白糖搅匀即可。

芹菜山楂粥

适龄宝宝 1岁以上

材料： 芹菜 100 克，山楂 20 克，大米 100 克。

做法：

1. 将芹菜去叶洗净，切成小丁；山楂洗净切片，备用。
2. 大米淘洗干净，加适量的水，煮开后转成小火熬至软烂。
3. 放入芹菜丁、山楂片，再略煮10分钟左右即可。

好妈妈喂养经

芹菜要最后放，这样才能保持住芹菜的清新香味。

蛋奶土豆粒

适龄宝宝 1.5岁以上

材料： 土豆 200 克，鸡蛋 1 个，面粉适量。

调料： 黄油、盐、浓鲜奶各适量。

做法：

1. 土豆去皮洗净，蒸熟，制成土豆泥；鸡蛋取蛋黄，备用。
2. 在土豆泥中加入面粉、蛋黄、盐，搅拌均匀后切成正方形颗粒状。
3. 锅中放入黄油，将土豆粒煎成金黄色，出锅盛盘。
4. 在做好的土豆粒上淋上浓鲜奶即可。

蒜香菠菜

适龄宝宝	2岁以上

材料：菠菜 50 克，葱段、蒜末各适量。

调料：料酒、白糖、盐各适量。

做法：

1. 菠菜洗净切段。
2. 油锅烧热，将蒜末和葱段煸香，放入料酒、白糖，加入菠菜段大火快炒，加适量的盐调味即可。

好妈妈喂养经

菠菜中膳食纤维的含量比较高，所以对便秘有一定的功效。

芹菜炒土豆

适龄宝宝	2岁以上

材料：土豆 50 克，芹菜 50 克，豆腐干、花生米各 10 克，葱花、蒜末各适量。

调料：大料半个，酱油、盐各适量。

做法：

1. 土豆去皮，洗净，切丁，下入沸水锅中煮至六分熟时捞出，过凉水；芹菜、豆腐干切成丁；花生米与大料一同放入锅中煮熟。
2. 油锅烧热，炒香葱花、蒜末，下入土豆丁，大火翻炒几下。
3. 烹入酱油、盐，土豆上色后，倒入芹菜丁、豆腐干丁、花生米翻炒，炒熟后即可。

Tips

处理芹菜有妙招

芹菜上可能残留农药，一定要仔细处理后才能给宝宝食用，下面介绍芹菜的处理方法。

处理方法：

1. 准备好新鲜的芹菜（图①）。
2. 用流动水冲洗芹菜（图②）。
3. 择去芹菜叶，把芹菜切成大小一样的段（图③）。
4. 把芹菜倒入开水中略汆烫；把芹菜捞出，备用（图④）。

① 准备好芹菜

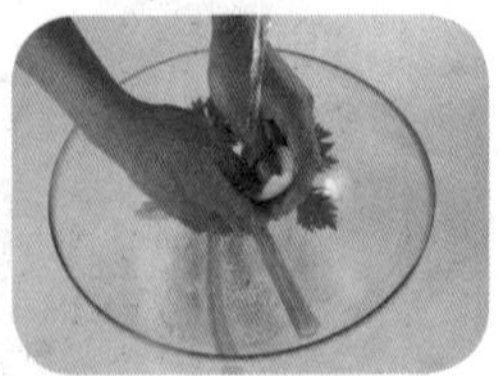

② 用流动水冲洗

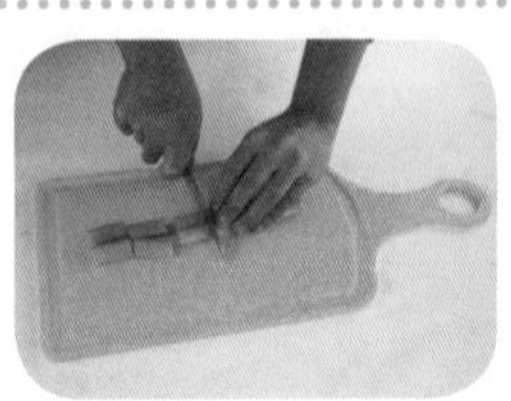

③ 切成小段

② 入锅汆烫，捞出，备用

菠菜炒鸡蛋

适龄宝宝 2岁以上

材料：菠菜 100 克，鸡蛋 1 个。

调料：水淀粉、盐各适量。

做法：

1. 菠菜洗净，切小段；蛋打散，加入水淀粉和盐调匀。
2. 油锅烧热，下入蛋液炒成块状蛋花，盛出备用。
3. 另起油锅烧热，下入菠菜快炒，并加盐调味，然后倒入炒好的蛋与菠菜段同炒，淋入水淀粉，炒匀即可盛出。

好妈妈喂养经

菠菜炒时会出汤汁，与蛋混合后加水淀粉勾芡，汤汁才不会太多，宝宝吃起来比较方便。

萝卜黑木耳炒韭菜

适龄宝宝 2岁以上

材料：韭菜50克，白萝卜30克，水发黑木耳10克。

调料：盐、酱油、香油各适量。

做法：

1. 将韭菜择净，切段；白萝卜、水发黑木耳洗净，均切丝备用。
2. 油锅烧热，放入白萝卜丝煸炒至八分熟，然后放入黑木耳、韭菜段翻炒。
3. 调入酱油、盐翻炒至熟，淋上香油，装盘即可。

好妈妈喂养经

盐、味精等调料可以撒在材料上，酱油则应沿锅边淋下，这样会更鲜美，宝宝更爱吃。

田园小炒

适龄宝宝 3岁以上

材料：西芹50克，鲜蘑菇、鲜草菇各100克，小西红柿、胡萝卜各50克。

调料：盐适量。

做法：

1. 西芹去老筋后，洗净，斜切成段。
2. 鲜蘑菇、鲜草菇、小西红柿洗净后，切片备用；胡萝卜去皮，洗净，切片备用。
3. 锅内放油加热，将切好的所有材料放入锅中，加适量盐、清水翻炒一下，加盖，用大火焖2分钟即可。

好妈妈喂养经

这道菜的颜色非常丰富，很受孩子们的喜欢。

营养不良

妈妈们最关心的就是宝宝的营养问题了，然而还是有一些宝宝会因某种原因而出现营养不良。广义的营养不良是指营养素的缺少或过多及其代谢障碍造成的机体营养失调。究其原因主要是营养素摄入不足和吸收不良，常见的营养缺乏症有蛋白质－能量营养不良、缺铁性贫血等。

饮食改善

饮食调养

对于某种营养素缺乏的宝宝可在饮食中注意有所偏重，适当地补充所缺营养；对于食欲不佳、吸收不良的宝宝要给予清淡、富含维生素与微量元素、易消化的食物，做到软、烂、细，以利消化吸收。避免给宝宝食用过于油腻的食物，特别是高脂肪食品。饮食中多给宝宝吃些汤、羹、糕等食物。还应做到饮食有节，防止吃得太饱伤了宝宝的脾胃。

养成良好的饮食习惯

如果宝宝月龄较大的话要适当地添加辅食。妈妈们要改变宝宝不良的饮食习惯，不能让宝宝养成挑食、偏食的坏习惯，而且要尽量让宝宝的每一餐都能营养均衡。

其他妙方

按摩疗法

按摩可起到调理脾胃，增强食欲的作用。如按摩位于脐上4寸的中脘穴，对于婴幼儿食积疳积、腹痛胀满等有较好作用。可增进宝宝食欲，改善宝宝营养不良的状况。

药物治疗

对于因严重厌食或消化不良引起的营养不良，可在医生指导下合理服用中西药物，中药可选用淮山、白术、茯苓、陈皮等，做成药膳给宝宝吃。成药有四君子丸、参苓白术散、小儿香橘丸等。西药中的各种消化酶，如胰酶、蛋白酶、淀粉酶、脂肪酶等，也都能有效地促进消化，增进食欲。注意，无论采用中医药治疗，还是西药缓解，都不能自行决定，需征求医生意见。

酸奶香米粥

适龄宝宝 1岁以上

材料：香米、酸奶各 50 克。

做法：

1. 将香米淘洗干净，放在清水中浸泡 3 个小时。
2. 锅置火上，放入香米和适量清水，大火煮沸，再转小火熬成烂粥。
3. 待粥凉至温热后加入酸奶搅匀即可。

好妈妈喂养经

酸奶可促进宝宝胃肠功能，但其酸度高，并不适合宝宝直接饮用；而香米易烂，煮粥后细腻而透明，其中的碱性成分能中和酸奶的酸度，使酸度降低。

银耳桂花汤

适龄宝宝 3岁以上

材料：樱桃 50 克，银耳 100 克，桂花 10 克。

调料：冰糖适量。

做法：

1. 银耳浸透去蒂，洗干净切碎；樱桃、桂花洗净切好。
2. 炖盅内放入银耳、樱桃，加入清水，用慢火炖 1 小时。
3. 最后放入桂花，调入冰糖即成。

好妈妈喂养经

如果时间允许的话，银耳可以用清水泡 24 小时。

奶油蜜瓜汤

适龄宝宝 2岁以上

材料：哈蜜瓜半个。

调料：奶油 2 大匙，面粉适量，牛奶半杯，白糖少许。

做法：

1. 将哈密瓜削皮，瓜肉切块。
2. 将一半瓜肉在榨汁机中搅打成汁，留少许瓜皮切丝备用。
3. 锅置火上，倒入奶油，熔化后撒匀面粉，然后倒入适量清水、牛奶搅匀，放入瓜肉、瓜汁煮沸，加白糖调匀，再放入瓜皮丝点缀即可。

好妈妈喂养经

如果宝宝不喜欢太甜的食物，妈妈也可以不放白糖。

黑木耳大枣粥

适龄宝宝 2岁以上

材料：黑木耳 5 克，大枣 5 颗，大米 100 克。

调料：冰糖汁 2 大匙。

做法：

1. 将黑木耳放入温水中泡发，去蒂，洗净，撕成瓣状，放入锅内；将大米淘洗干净，放入锅内；大枣洗净，去核，放入锅内，加适量水。
2. 锅置火上，大火烧开后转小火熬煮，待黑木耳软烂，大米成粥后，加入冰糖汁搅匀即成。

好妈妈喂养经

泡发黑木耳的时候用温水，不宜用热水泡发，以免破坏其中的营养。

香菇油菜

适龄宝宝 1.5岁以上

材料：小油菜10棵、香菇5个。

调料：红油15克，酱油、鸡精、水淀粉、香油各适量，蒜末少许。

做法：

1. 油菜冲洗干净，然后一切为二；香菇洗净。
2. 油菜和香菇放入沸水中汆烫，捞出沥干。
3. 油锅烧热，爆香蒜末，放入油菜、香菇，加鸡精、红油、酱油，快速翻炒入味，最后用水淀粉勾薄芡，淋上香油即可。

好妈妈喂养经

这道菜营养丰富，色香味俱全，好看又好吃。

山药柿饼粥

适龄宝宝 1.5岁以上

材料：山药45克，薏米50克，柿霜饼20克。

做法：

1. 山药、薏米处理干净后捣成粗楂；柿霜饼切碎，备用。
2. 将捣碎的山药、薏米与适量水一同放入锅中煮至熟烂，将柿霜饼加入粥中煮至融化。

好妈妈喂养经

柿霜饼与兼具食用与药用两种功能的山药合用煮粥，可补益脾肺之气，增强宝宝的食欲。

Tips

宝宝稀粥与大人米饭同做的方法

稀粥较容易吞咽，是非常好的基础辅食。在稀粥中添加不同的食物，稀粥便有了不同的口味和营养，非常适合宝宝食用。不妨将宝宝吃的稀粥与大人吃的米饭一起做，方便又省时。

处理方法：

1. 先将大人用的米洗好倒入锅中，再把宝宝的煮粥杯置于锅中央，煮粥杯中水与米的比例为 7:1。也可以用白饭熬煮。2 大匙的白饭需约配半杯多的水（图①）。
2. 像平常一样按下电饭锅的开关。锅开后，杯外是大人的米饭，杯内是宝宝用的稀粥（图②）。
3. 如果宝宝的喉咙特别敏感，可先将稀粥压碎后再喂食（图③）。

① 先把米一同放入锅中

② 蒸熟

③ 稀释压碎后的宝宝食物

核桃银耳汤

适龄宝宝 2岁以上

材料：水发银耳、核桃仁、葡萄干各 50 克。

调料：水淀粉、白糖各适量。

做法：

1. 银耳洗净，摘成小朵，加适量白糖、清水上笼蒸至软糯；核桃仁掰成小块，炒香；葡萄干洗净。
2. 锅内放清水、核桃仁、葡萄干，烧开后改用中火煮约 20 分钟，再改用大火，加入银耳、白糖，烧开后用水淀粉勾芡即成。

好妈妈喂养经

葡萄干中的铁和钙含量十分丰富，是宝宝营养补充的佳品。

莲子木瓜瘦肉汤

适龄宝宝　2岁以上

材料：鲜莲子 50 克，猪腿肉 50 克，青木瓜 1 个。

调料：盐适量。

做法：

1. 青木瓜去皮，洗净后切成块；猪腿肉、鲜莲子分别用清水冲洗干净。
2. 将青木瓜块、猪腿肉、莲子同放入锅内，加入适量清水，大火煮沸后，改用中小火慢煲，3 个小时后调入盐即可。

好妈妈喂养经

妈妈们在选购莲子时要注意，如果莲子表皮呈深绿色，说明莲米已经开始变老了。

芦笋瘦肉鱿鱼汤

适龄宝宝　2.5岁以上

材料：芦笋、猪瘦肉、鱿鱼板各 50 克，姜丝少许。

调料：盐少许，清汤适量。

做法：

1. 把芦笋洗净，切段备用；猪瘦肉洗净切块，备用。
2. 鱿鱼板切花刀，放入沸水中汆烫，捞出，沥水。
3. 油锅烧热，下姜丝、猪肉块翻炒，烹入料酒，倒入适量清汤煮沸，最后下入其他材料、调料，煮至入味即可。

好妈妈喂养经

鱿鱼含有丰富的钙、磷、铁等元素，可提高记忆力，增强人体免疫力，缓解疲劳，改善视力。

肥 胖

宝宝患肥胖症的原因有很多，但主要有两种：疾病继发型和营养过剩型。其中，营养过剩型居多，因为现在的宝宝饮食都非常丰富，普遍偏胖了。而且现在的宝宝大量摄入高热量、高脂肪的食物，而运动量又非常少，所以肥胖症患儿较多。为了防止宝宝患上肥胖症，家长要提早预防。

饮食改善

◎宝宝的一日三餐要定时定量，要“细细嚼、慢慢咽”，主食应注意粗细粮搭配，还要注意少吃零食。

◎给宝宝吃的食物宜采用蒸、煮或凉拌的方式烹调，减少容易消化吸收的碳水化合物（如蔗糖）的摄入。

◎为使肥胖宝宝不出现饥饿感，宜选择较有饱腹感且热量低的食物，如蔬菜、瓜果等。

◎由于宝宝不耐饿，需在两次正餐之间加一次低热量的健康点心，分量不宜太多，否则会影响正餐食欲。可准备不需要削皮、切块，而且方便取拿的水果，如葡萄、香蕉、橘子、桃、草莓、小西红柿等。

◎控制高热量食物的摄入，如油炸和高脂肪的点心、肥肉及过咸、过甜的食物都不宜给宝宝吃。

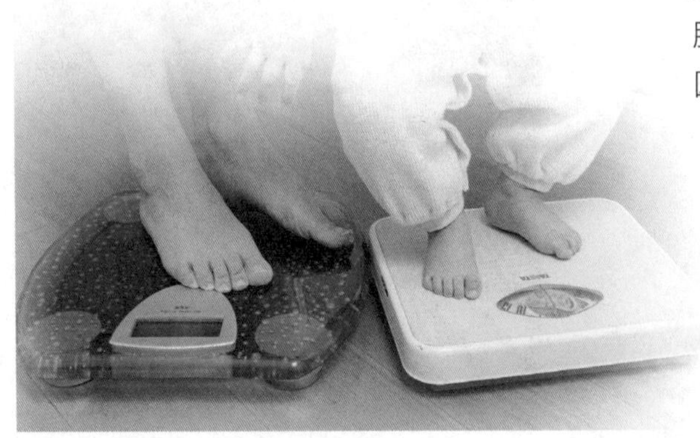

其他妙方

运动方案

◎伸展运动。让宝宝两臂轮流弯曲，尽量使手触臂肩，伸直时放松。每侧重复6次。

◎上臂运动。让宝宝两臂左右分开，上举，前平举，还原放体侧。重复8次。

◎肩部运动。握住宝宝的双手，两侧交替由内向外画圈，使两臂做圆形的旋转。重复8次。

◎扩胸运动。让宝宝握住妈妈的大拇指，使宝宝双手向外平展至与身体成90°，再向胸前交叉。重复12次。

◎腿部运动。握住宝宝小腿，使其伸屈双膝关节，重复4次；握住宝宝小腿，使大腿靠紧腹部。每侧重复4次。

◎自行车运动。握住宝宝两膝，使宝宝两腿上举与腹部成直角，重复4次；握住宝宝膝关节，轻轻地将宝宝髋关节由内向外做圆形旋转，重复4次。

蔬菜牛奶汤

适龄宝宝 1岁以上

材料：南瓜20克，洋葱、胡萝卜、青豆仁各10克，奶油、面粉各1大匙，鲜奶1/2杯。

调料：清高汤半杯。

做法：

1. 南瓜、洋葱、胡萝卜分别去皮，洗净，切小丁，与青豆仁一同放入清高汤中煮软。
2. 用小火将奶油溶化，加入面粉炒化之后，加入鲜奶、清高汤炒至糊状，放入①中煮沸，调味即可。

好妈妈喂养经

妈妈们切洋葱的时候为了不辣眼睛，可以给刀沾上凉水再切。

杏仁绿豆粥

适龄宝宝 1岁以上

材料：绿豆60克，杏仁10克，大米100克，薏米50克。

调料：冰糖50克，高汤适量。

做法：

1. 将绿豆、薏米、杏仁淘洗干净，浸泡后待用。
2. 大米用水洗净，放入清水中浸泡30分钟，捞出，放入锅中，加入高汤、绿豆、薏米煮沸，转小火煮约1小时至米粒软烂黏稠，下杏仁，稍煮片刻，加入冰糖调味即可。

好妈妈喂养经

可事先用厨房料理剪刀将杏仁分为小块。

木瓜糙米粥

适龄宝宝 1岁以上

材料：木瓜半个，糙米 50 克。

调料：葡萄糖少许。

做法：

1. 糙米洗净，用水泡 2 小时以上。
2. 将糙米放入锅内，以中火煮沸，加入葡萄糖，充分搅拌均匀。
3. 木瓜削皮，去籽，切块，放入糙米粥中，以小火煮熟即可。

好妈妈喂养经

木瓜甜美可口，能提供整天所需的维生素 C，还有利于人体对食物进行消化和吸收，有健脾消食之功。

五色蔬菜汤

适龄宝宝 1.5岁以上

材料：胡萝卜 1 根，豇豆、山药各 50 克，香菇 3 个，南瓜 100 克。

调料：盐适量，鸡汁少许。

做法：

1. 胡萝卜去皮切花片，豇豆切段，香菇去柄切十字花刀，山药去皮切厚片浸水，南瓜去皮切片。
2. 将所有材料放入锅中，加入适量清水，以大火煮沸后，再用小火煮 15 分钟，加入盐、鸡汁调味即可。

薯瓜粉粥

适龄宝宝 1.5岁以上

材料：大米50克，玉米粒200克，玉米粉250克，红薯、南瓜各150克。

做法：

1. 将红薯和南瓜去皮，洗净，切成小块；玉米粒洗净，备用。
2. 锅置火上，加入适量清水，先放入大米、玉米粒用大火煮约5分钟，再加入红薯块和南瓜块煮至将熟的时候，将玉米粉撒入粥中搅匀，再转小火煮至粥熟，即可出锅装碗。

好妈妈喂养经

这道粥含有大量膳食纤维，是宝宝减肥的最佳食品。

鸡片西葫芦汤

适龄宝宝 2岁以上

材料：鸡胸肉、西葫芦各50克，鸡蛋液适量。

调料：盐、水淀粉各适量，鸡精半小匙，香油1小匙。

做法：

1. 鸡胸肉洗净，沥干，切厚片，放入盛有鸡蛋液的容器中搅匀，加入水淀粉上浆；西葫芦洗净，去瓤切成片。
2. 锅置火上，加适量清水，放入西葫芦片、盐、鸡精煮开，下入鸡肉片同煮至熟，香油调味即可。

好妈妈喂养经

这道菜汤汁软绵浓郁，清脆的西葫芦温和且不油腻。

Tips

土豆的处理方法

土豆质地细软，是宝宝不可或缺的辅食。土豆有“地下苹果”之称，富含膳食纤维、蛋白质，也含有钙、铁、磷、维生素C、维生素B_1、维生素B_2以及分解产生维生素A的胡萝卜素等营养成分。另外，最可贵的是，土豆脂肪含量极低，可以说是理想的减肥食品，胖宝宝不妨适量食用。给宝宝做土豆辅食时，不妨参考下面的方法。

处理方法：

1. 土豆表面含有多余的淀粉及涩味，烹调时，应切好后放入水中浸泡5分钟左右(图①)。
2. 洗净后无须拭去水分，连皮直接包好，放入微波炉中加热至竹签可轻易穿插为止(图②)。

① 放入水中浸泡

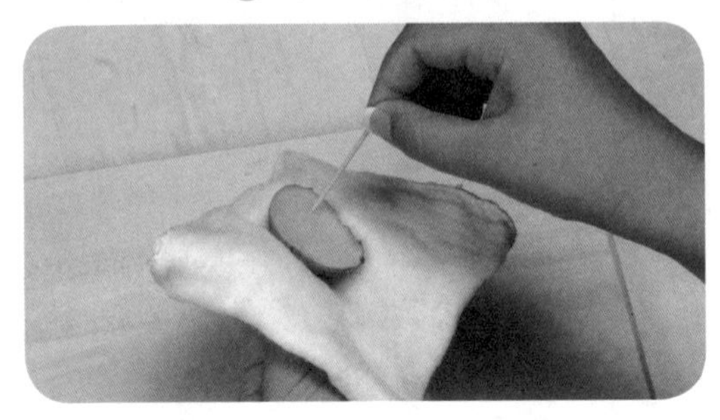

② 加热至竹签可轻易穿插

洋葱白菜土豆汤

适龄宝宝 2岁以上

材料：洋葱1个，土豆2个，胡萝卜1根，圆白菜150克。

调料：盐适量。

做法：

1. 洋葱去薄膜，逐片剥下。
2. 土豆与胡萝卜均洗净削皮切片；圆白菜切大块。
3. 锅内加适量清水，再将洋葱、土豆片、胡萝卜片、圆白菜块放入其中，大火烧开后用小火再煮20分钟，加盐调味即可。

好妈妈喂养经

土豆所含有的热量低于谷类粮食，是宝宝理想的减肥食物。

桃仁冬瓜汤

适龄宝宝　2岁以上

材料：冬瓜 50 克，桃仁 20 克，山楂 30 克，大蒜、生姜各适量。

调料：盐适量。

做法：

1. 将冬瓜去皮瓤，切成块；大蒜去皮，切末。
2. 桃仁去皮浸泡半天，山楂洗净用清水浸泡半天。
3. 将冬瓜、桃仁、山楂、大蒜、生姜一同放入瓦罐中，加足量的水，投入盐，小火炖 2 小时。
4. 拣去生姜后，便可食用。

好妈妈喂养经

桃仁性平，味苦、甘，有通经活络、润肠通便等功效。

金针西红柿汤

适龄宝宝　2岁以上

材料：西红柿 200 克，鲜金针菇、黑木耳各 50 克。

调料：盐、香油、高汤各适量。

做法：

1. 将西红柿去蒂、洗净、放入沸水中氽烫，捞出冲凉，去皮，切片；金针菇、黑木耳分别择洗干净，捞出沥干备用。
2. 锅置火上，添入高汤，先放入金针菇、黑木耳、西红柿片、盐煮至入味，再淋入香油调匀即可。

好妈妈喂养经

金针菇可以调节血脂、胆固醇，适合肥胖的宝宝吃。

PART 16

方便高效：
买来的辅食这样吃

那些市售的、质量好的辅食成品，
可以让我省一些力气。
可是，既要美味，又要安全，
而且还要营养全面，
它们该怎么选择呢？

怎样挑选及购买成品辅食

除了亲手为宝宝制作辅食，还可以选择质量好的市售成品辅食。这些经过专业配方、加工的辅食，食用更方便，能够满足宝宝不同时期的营养需求，更适合宝宝的口味。但在购买时要注意一些方式方法，以免买到不合格的辅食，影响宝宝的健康。

挑选宝宝辅食须知

面对市场上五花八门的成品辅食，妈妈们应该从何下手？除了考虑到宝宝喜好的口味外，挑选时还有什么门道和技巧呢?

考虑取用时的卫生

辅食包装最好为独立小包，每份包装越小越好，因为独立包装不仅容易计量，而且更加卫生，不易受潮、污染。如果是大包装，盛放的工具要洁净干燥，已经取出的辅食不能再倒回去。

保持食物的天然原味

宝宝辅食以天然口味为宜。那些口味或香味很浓的辅食，有可能添加了调味品或香精，最好不要给宝宝吃。

添加辅食也是为了让宝宝接触各种食物的味道，养成不挑食的好习惯。

现在市售的宝宝辅食五花八门，妈妈宜根据宝宝的具体情况选购。

清淡口味适合宝宝

天然食品口味很淡，但对宝宝来说却很可口。经常吃口味重的食物会使宝宝养成不良的饮食习惯，影响身体健康。

注意产品的包装

要选择相对比较好的品牌。同时，还要注意产品适合的月龄、生产日期、保质期、食用方法、保存条件、产品批号等。

要特别留意配料表

宝宝有特殊要求，如对鸡蛋、乳糖或牛奶蛋白过敏的，妈妈们在选购时还应特别留意配料表中是否含有这些成分。

购买宝宝辅食的注意事项

食品添加剂有两种，健康的和不健康的，妈妈们要仔细查看清楚食品标签上的说明。

健康的食品添加剂

天然甜味剂

蔗糖、葡萄糖、果糖、麦芽糖醇、甘草酸二钠，这些都是从天然植物中提纯出来的，可以让食物更可口，也不会对宝宝的身体有坏的影响。

天然食用色素

是指直接来自动植物组织的色素。现在允许使用并已制定有国家标准的天然食用色素有姜黄素、虫胶色素、红花黄素、叶绿素铜钠盐、辣椒红色素、酱色、红曲米及β-胡萝卜素等。如果看到有这些以外的色素成分，最好先咨询一下医生，再决定是否给宝宝吃。

不能出现的食品添加剂

防腐剂

它有很多种，包括苯甲酸及其钠盐，山梨酸及其钾盐，亚硫酸及其盐类，还有用于糕点防霉的丙酸盐类。这些东西对宝宝的肠胃有伤害，不能给宝宝吃。

人工甜味剂

如糖精等。它是由天然甜味剂和一些化学试剂合成的，不适合宝宝吃。

营养师小叮咛：购买成品辅食的理由

◎原料新鲜安全，无菌真空包装。
◎先进的生产工艺能够保存原料的天然营养，防止营养物质的流失。
◎强化营养配方，全面满足宝宝生长发育的需求。
◎方便、快捷、卫生，节省了父母选材、制作的时间，并且可以随时随地食用。
◎不受季节限制，品种丰富。
◎不同年龄段有不同的产品，能够适合不同月龄宝宝的消化系统。

辅食中应补充的营养成分	
钙	钙是生长发育重要的营养素，7—12个月的宝宝每日从母乳中仅获钙130毫克，辅食须补140毫克，才可防止缺乏
维生素D	维生素D的主要作用是帮助钙吸收，天然食物中不能提供足够的维生素D，所以从宝宝出生几天后就需要使用维生素D补充剂
铁	母乳和牛奶中含铁很低，为避免宝宝患缺铁性贫血，宝宝从开始添加辅食，就应该选择富含铁的种类，如铁强化米粉、肉泥、肝泥等
锌	锌能促进生长发育与组织再生，宝宝缺锌会影响生长发育，也影响免疫功能。添加辅食后的宝宝注意不要缺锌。含锌高的食物有肉泥、肝泥等
碘	缺碘会造成婴幼儿生长发育迟缓、智力低下，甚至畸形，对宝宝的一生会有严重影响
维生素C	母乳中维生素C不缺乏，但随着年龄的增长，宝宝的需求量也在逐渐增加，所以需要从辅食中补充
优质蛋白质	除母乳、牛奶外，其他含蛋白质的食物也要逐步补充，例如肉、肝、鱼、豆制品等，从少到多，让宝宝接触各种不同的蛋白质
益生元	或称双歧因子，主要作用是有助于有益生菌群的生长。益生菌群能改善肠内微生态，促进肠道的正常生理机能及免疫功能

婴儿辅食应该如何保存

粉类辅食

米粉不要存放在冰箱内，否则冲调时遇热容易凝结成块，应该放在阴凉干燥处。盒装米粉的包装塑料膜不要全部撕开，取适量后用封口夹将封口封住，放在阴凉干燥处，并在开启后于使用期限内尽快吃完。

瓶装辅食

瓶装辅食应该用干燥的勺子分次量取，不要用喂养宝宝的勺子直接量取，这样可以避免婴儿的唾液致其变质，而且尽量不要用勺子在辅食中搅拌。没吃完的食品应该放在冰箱内，尽快吃完。

成品果汁添加 5 要诀

◎ 从宝宝4个月开始可以少量1:1兑水稀释饮用，6个月后可以饮用纯果汁。

◎ 从添加单一口味逐渐过渡到多种口味。

◎ 如发现皮肤过敏或腹泻等异常情况，应暂停饮用。

◎ 果汁加热的时间不宜太长，温度不宜太高，避免其中的维生素C遇热被破坏。

◎ 每次给宝宝饮用后应喂少量白开水清洁口腔。

成品辅食添加 Q&A

Q：那么多成品辅食，应该按照什么顺序给宝宝添加？

A：与自制辅食的原则一样，婴儿的第一口辅食应该为富含铁质的泥糊状食品，如铁强化米粉、肉泥、肝泥等，也可以先吃蔬菜（泥）、水果（泥）等。妈妈可以根据自己宝宝的实际情况以及个人的喂养习惯来选择，由一种到多种，由少量到多量。

Q：成品辅食大多没什么味道，宝宝会爱吃吗？

A：婴幼儿食品不宜添加香精、防腐剂和过量的盐、糖，以天然口味为宜。那些口味或香味很浓的市售成品辅食，有可能添加了调味品或香精，反而不能给宝宝吃。

虽然有些食品的天然口味很淡，但对宝宝来说却很可口，宝宝的味觉、嗅觉发育还不完全，不能用成人的口味来衡量。

用市售米粉为宝宝烹制美味辅食

宝宝到了6个月左右，虽然母乳和配方奶粉可为宝宝提供所需的大部分营养，但只吃母乳和配方奶粉，宝宝体内的铁、锌和钙等矿物质以及多种维生素的摄入量就会不足。所以不论采用哪种喂养方法，都必须适时添加辅助食品，以补充所需要的营养。

为宝宝选择米粉3要点

宝宝的消化功能尚未发育成熟，只能添加一些宝宝的胃肠能够接受的食物，米粉因为质地细腻、容易消化吸收、加上泥糊状的食物宝宝也容易接受，所以，米粉是宝宝辅食的最佳选择。那么，应该怎样选择宝宝的米粉呢？方法如下：

必须与宝宝的月龄相适应

应按宝宝的月龄、消化能力及营养需要逐渐增加，由稀到稠、由淡到浓，以免引起消化不良。

选择易冲调的米粉

好冲调的米粉利于宝宝消化吸收。目前有些米粉采用先进的水解工艺生产，能把大分子淀粉颗粒水解为小分子，使米粉更易吸水、更好冲调，宝宝也更易消化吸收。冲调时只需加入温开水，米粉马上就可快速溶解，细细滑滑的，方便省时多了。

宝宝米粉种类多，妈妈们要根据宝宝的月龄进行选择。

口味淡的米粉更佳

宝宝从小要养成口味清淡的好习惯，日后更不宜对口味较重的食物偏食、挑食，还可预防偏爱过甜、过咸口味的食物所导致的一些疾病，如龋齿、肥胖、糖尿病、高血压等，更利于宝宝的健康成长。所以，从一开始就选择口味淡的米粉能帮助宝宝养成饮食好习惯。

宝宝不同阶段的米粉类型

一阶段米粉适合6个月左右的宝宝

◎ 发育特点：这是宝宝脑神经细胞和视网膜发育的重要时期，体格和体重明显发育，但同时宝宝体内的酶系统发育还不完全，消化能力较弱。

◎ 选择建议：应该给宝宝尝试细腻、温和的单一种类食物。比如纯米粉，它是宝宝理想的第一种半固体食物，其中含有宝宝能快速吸收的铁、锌、钙等各种微量元素和维生素，温和、纯净，非常容易消化。

二阶段米粉适合7个月以上的宝宝

◎ 发育特点：宝宝处于牙齿和骨骼发育的关键时期，饮食开始逐步向半固体过渡，体内的酶系统也逐渐发育完善，能逐步适应更多口味的食物。

◎ 选择建议：这个时候可以开始给宝宝尝试

一些混合口味的米粉，比如添加了海带、猪肝、骨髓粉的米粉。

三阶段米粉适合8个月以上的宝宝

◎发育特点：宝宝到了这个月龄活动量增大，饮食更接近成人，需要从外界摄入更多的营养，视网膜、视神经充分发育，对脂肪的需求减少，对蛋白质的需求增大。

◎选择建议：应该开始给宝宝添加一些肉类食品，动物蛋白和植物蛋白合理搭配，更易消化、吸收。一些添加了肉类的米粉，比如牛肉米粉、鱼肉米粉是最好的选择。

成品米粉存储的要诀

◎尽量保持外包装完好，按照说明打开包装。

◎不要将米粉置于冰箱内存放，严格按照产品说明进行保存。

◎注意存放的外界环境，也要根据四季的不同来选择正确的存放方法，如遇潮湿多雨天气，可在米粉盒外加保鲜袋保存。因保存方法不当导致米粉结块时，请不要给宝宝食用。

成品米粉冲调方法

给宝宝冲调米粉的方法很重要，用了错误的方法冲调米粉，会让米粉中的营养流失，也会影响米粉的味道。新手妈妈可以这样冲调米粉：

1. 在已消毒的宝宝餐具中加入 1 份米粉，量取 4 份温奶或温开水（图①）。
2. 将量好的温奶或温开水倒入米粉中，边倒边用汤匙轻轻搅拌（图②），让米粉与水充分混合；然后先放置 30 秒让米粉充分吸水，然后再搅拌。
3. 搅拌时调羹应稍向外倾斜，向一个方向搅拌；理想的米糊是用汤匙舀起倾倒能成炼乳状流下（图③）。

① 水和米粉的比例为 4∶1

② 边加水边搅拌

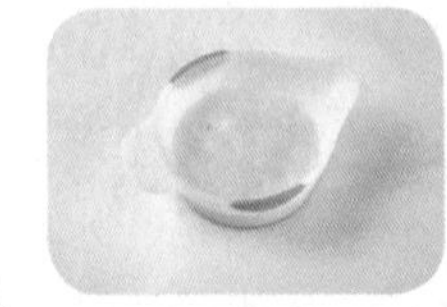

③ 炼乳状米粉糊

营养师小叮咛：冲调米粉的要点

◎米粉一定要冲调均匀。没冲开、有结块的米粉，宝宝吃了不消化，营养吸收不好，还增加脏器负担，而且可能噎到月龄较小的宝宝。

◎调制米粉可以用清水，也可以加些牛奶，让米粉中的能量和营养物质更加充足，以适合不同食量的宝宝。

◎冲调米粉的水温或奶温不宜超过 50℃，因为高温会导致营养流失。

◎宝宝吃多少就调多少。

◎根据天气和宝宝的适应性，可适当用凉开水冲调米粉并且不加热，这样可提高宝宝的肠胃对冷热的适应性。

巧用米粉做宝宝餐

当宝宝精神不振、吃饭不香时，只需利用简单的材料，就可以做出让宝宝食欲大振的营养餐。

银耳莲子百合消暑粥

适龄宝宝 6个月—2岁

材料： 婴儿营养米粉 40 克，西瓜翠衣（西瓜皮与瓤中间白色部分）20 克，瓶装银耳莲子百合泥半瓶。

做法：

1. 将西瓜翠衣用清水洗净，切成细丝（图①）。
2. 将切成细丝的西瓜翠衣倒入锅中，煮至熟透（图②）。
3. 在调好的米粉中加入西瓜翠衣及银耳莲子百合泥半瓶，拌匀即可（图③）。

① 切丝

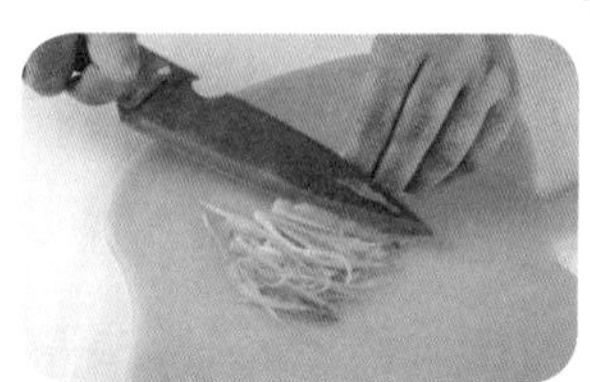

② 把西瓜翠衣丝倒入锅中

③ 加入西瓜翠衣、莲子银耳百合泥搅匀

五彩黑米糊

适龄宝宝 6个月—2岁

材料： 生菜 10 克，胡萝卜 15 克，黑米大枣营养米粉适量。

做法：

1. 将生菜、胡萝卜洗净（图①），并将黑米大枣营养米粉准备好。
2. 生菜、胡萝卜分别切成碎末（图②）；将生菜、胡萝卜碎末用清水煮熟。
3. 取黑米大枣营养米粉，用温开水调成糊。再加入生菜末、胡萝卜末拌匀（图③）。

① 准备好生菜、胡萝卜

② 切成末

③ 将米粉与生菜、胡萝卜末搅匀

其他常见成品辅食这样吃

在给宝宝添加辅食的过程中，总是让宝宝吃固定的辅食，会导致宝宝厌烦辅食，甚至拒绝吃辅食。宝宝在1岁以前，味蕾很敏感，除了鸡蛋、水果、青菜之外，家长还可以用其他的食物为宝宝做辅食，如鱼泥、栗子等，只要方法得当，一样可以为宝宝提供充足的营养，让宝宝吃得开心。

鱼泥的吃法

在市场上销售的成品鱼泥中，三文鱼番茄泥和金枪鱼泥是较常见的，这些食物究竟该怎样给宝宝吃呢？在给宝宝吃的成品辅食中，除了米粉外，其他成品辅食不妨也给宝宝尝尝。

三文鱼香茄

适龄宝宝 6个月—2岁

材料： 茄子20克，瓶装三文鱼番茄泥1/3瓶。

做法：

1. 将茄子洗净去皮、切块蒸烂（图①）。
2. 选取一小部分的茄肉压成泥状（图②）。
3. 倒入三文鱼番茄泥搅拌均匀（图③）。

① 把茄子放入蒸锅

② 把茄子捣成泥

③ 倒入鱼泥搅匀

金枪鱼奶汁白菜

适龄宝宝 6个月—2岁

材料： 鲜嫩大白菜嫩叶1片，配方奶粉适量，瓶装金枪鱼泥半瓶。

做法：

1. 大白菜嫩叶洗净后用开水汆烫熟（图①）。
2. 将大白菜嫩叶滤水切碎（图②）。
3. 将配方奶粉、白菜叶放入锅中小火煮熟；起锅前加入金枪鱼泥（图③），拌匀起锅。

① 用开水汆烫白菜叶

② 切碎

③ 在白菜中加入金枪鱼泥

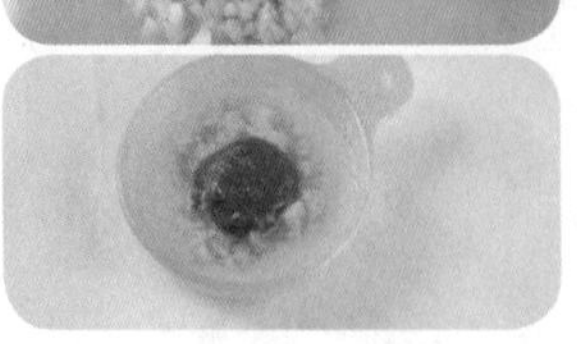

三文鱼米粉糊

适龄宝宝　6个月—2岁

材料：营养米粉 35 克，瓶装三文鱼番茄泥半瓶。

做法：

1. 营养米粉用温开水搅拌成糊状（图①）。
2. 将瓶装三文鱼番茄泥半瓶直接倒入冲调好的米粉中（图②）。
3. 搅拌均匀，即可让宝宝食用（图③）。

① 把米粉搅拌成糊

② 在米粉中加入三文鱼番茄泥

③ 搅匀

好妈妈喂养经

妈妈们买瓶装三文鱼番茄泥时，要注意生产日期。

粟米泥的吃法

宝宝有时胃口不好，吃饭不香，真让妈妈烦恼。其实，妈妈们只要稍花心思，利用简单的材料，便可让心爱的宝宝食欲大增。

甜嫩粟米羹

适龄宝宝　6个月—2岁

材料：瓶装甜嫩粟米泥 1 瓶，营养米粉 20 克。

做法：

1. 将营养米粉用约 200 毫升的温开水调成糊（图①）。
2. 将甜嫩粟米泥直接倒入冲调好的米粉中搅拌均匀即可（图②）。

① 把米粉搅匀

② 加入甜嫩粟米泥后搅匀

瓶装鸡肉香菇泥的吃法

8个月以后，宝宝的消化系统发育到一定的阶段，消化能力更强了，不妨给宝宝换换新口味，尝试一下多样化的食物。

① 把通心粉煮软

② 切通心粉

③ 奶酪中加入通心粉和鸡肉香菇泥拌匀

鸡肉香菇通心粉

适龄宝宝 8个月以上

材料： 通心粉40克，奶酪半勺，瓶装鸡肉香菇泥半瓶。

做法：

1. 将通心粉放入水中煮熟变软（图①）。
2. 将煮熟的通心粉切成约0.5厘米长的小块或直接用勺子压碎（图②）。
3. 奶酪在锅中小火烧化，加入通心粉和瓶装鸡肉香菇泥搅拌均匀（图③）。

乳清西米糊

适龄宝宝 10个月以上

材料： 西米2匙（约20克），乳清蛋白米粉30克。

做法：

1. 将西米洗净，放入沸水中煮，直至熟透，捞出备用（图①）。
2. 在乳清蛋白米粉中加入温水，并用汤匙调成糊状（图②）。
3. 在调好的米粉中加入西米，拌匀即可食用，此时如果略稠的话可以再加入适量温水（图③）。

① 将西米煮熟、捞出

② 把乳清蛋白米粉调成糊

③ 把加入西米的米糊搅匀